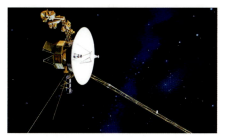

口絵1　太陽系最遠の空間を行くボイジャー1号
　　　（p.1）

口絵2　「おおすみ」記念碑と並ぶ糸川先生の立像
　　　（p.4）

口絵3　カニ星雲（p.9）

口絵4　フクロウ星雲（p.9）

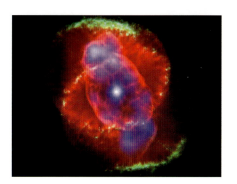

口絵5　猫の目星雲（p.9）

口絵6　馬頭星雲（p.9）

口絵7　2013年2月、チェリアビンスク州の空に現れた隕石（p.14、60）

口絵8　ハッブルが初めてとらえた、地球から約1000光年離れたわし座内の星雲。星がいっぱい生まれている領域（p.16）

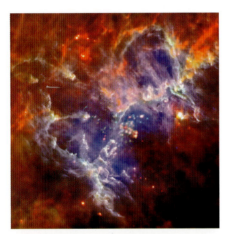

口絵9　ハーシェル宇宙望遠鏡が赤外線でとらえた広範囲のわし星雲（p.17、29）

口絵10　河床の証拠となったのは角の丸くなった石ころの数々（p.18）

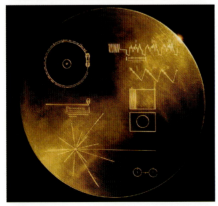

口絵11　ボイジャーに搭載されているレコード盤（p.19）

口絵12　金色の「はやぶさ」（p.21）

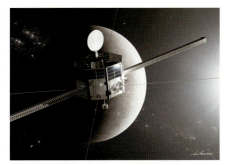

口絵 13　銀色の水星探査機 MMO（p.21）

口絵 14　黒色の火星探査機「のぞみ」（p.21）

口絵 15　白色の ISS のロボットアーム（p.22）

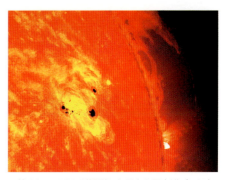

口絵 16　NASA が観測した巨大な黒点群（p.31）

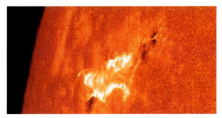

口絵 17　日本の「ひので」がとらえた太陽フレア
　　　　（p.31）

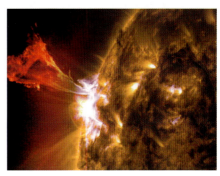

口絵 18　SDO 衛星がとらえた太陽フレアに伴った
　　　　巨大な質量放出（2012 年 5 月）（p.32）

口絵 19　巨大オーロラ（2013 年 3 月、カナダ・
　　　　イエローナイフ）（p.32）

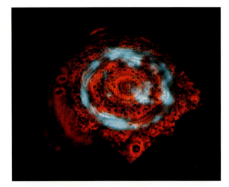

口絵20　土星のオーロラ (p.38)

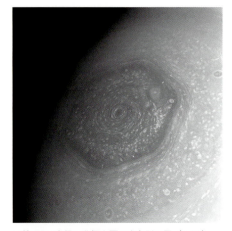

口絵21　土星の北極を覆う六角形の雲 (p.38)

口絵22　土星北極の大小さまざまな渦 (p.39)

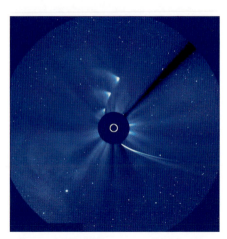

口絵23　太陽接近前後のアイソン彗星 (p.40)

口絵24　チュリューモフ・ゲラシメンコ彗星の軌道（赤）(p.45)

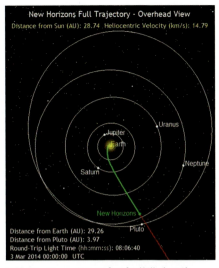

口絵25　ニューホライズンズの軌道（p.52）

口絵26　ISS指揮権移乗のセレモニー（p.53）

口絵27　木星とその衛星エウロパ（NASA）（p.60）

口絵28　小型衛星を満載したドニエプルの頭部
　　　　（コスモトラス社）（p.70）

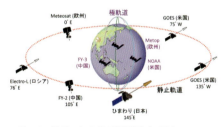

口絵29　世界の気象衛星観測網（p.78）

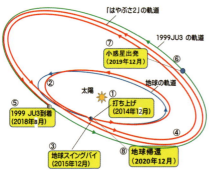

口絵 30-1 「はやぶさ2」の軌道 (p.87)

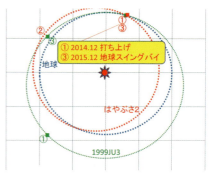

口絵 30-2 「はやぶさ2」の軌道 (p.87)

口絵 30-3 「はやぶさ2」の軌道 (p.87)

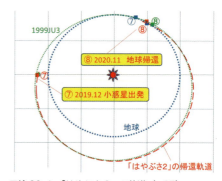

口絵 30-4 「はやぶさ2」の軌道 (p.87)

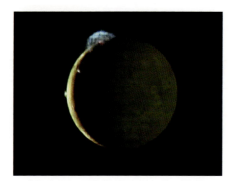

口絵 31 ニューホライズンズがとらえた木星の衛星イオの活火山 (p.107)

口絵 32 ペール・ブルー・ドット (p.115)

口絵 33 日本の「かぐや」がとらえた「満地球の出」(JAXA) (p.129)

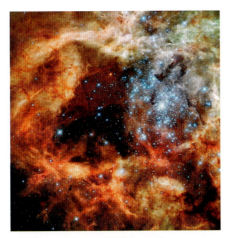

口絵 34　タランチュラ星雲（p.132）

口絵 35　馬頭星雲（p.133）

口絵 36　キャッツアイ星雲（p.133）

口絵 37　アンテナ銀河（p.133）

口絵 38　ダンス銀河（p.134）

口絵 39 おたまじゃくし銀河 (p.134)

口絵 40 オリオン星雲 (p.134)

口絵 41 小マゼラン雲 (p.134)

口絵 42 バタフライ銀河 (p.134)

口絵 43 イータカリーナ星雲 (p.135)

口絵 44 土星から見た地球と月（探査機カッシーニ、2013 年）(p.148)

口絵 45　富士山級の山々が連なる冥王星の表面 (p.161)

口絵 46　冥王星を包む「青い」大気 (p.161)

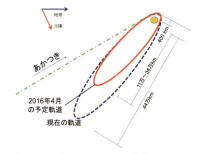

口絵 47　「あかつき」金星周回軌道 (p.172)

口絵 48　「ひまわり 8 号」がとらえた台風 11 号（気象庁提供）(p.176)

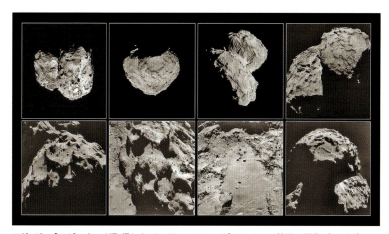

口絵 49　「ロゼッタ」が取得したチュリューモフ・ゲラシメンコ彗星の画像 (p.184)

口絵 50　2つの巨大ブラックホールの衝突のイメージ（p.197）

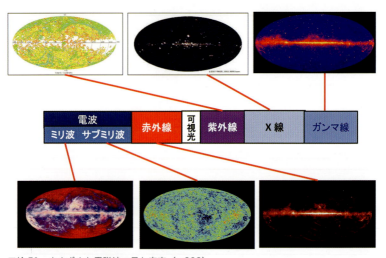

口絵 51　さまざまな電磁波で見た宇宙（p.203）

喜・怒・哀・楽
の
宇宙日記
⑤

的川博士が語る
宇宙で育む平和な未来

的川泰宣 著

共立出版

まえがき

　「喜・怒・哀・楽の宇宙日記」の第5弾です。これまでに、『轟きは夢を乗せて』、『人類の星の時間を見つめて』、『いのちの絆を宇宙に求めて』、『この国とこの星と私たち』の4冊が出ています。今回も、各種の新聞やニュースに連載したいくつかの記事を時系列順に編集していただきました。特に毎日小学生新聞連載の「銀河教室」からの転載を快諾していただいた同紙編集長には厚く御礼申し上げます。

　毎日みなさんが出会ういろいろなニュースの中に占める「宇宙」の割合は、非常に少ないものです。この分野で働いている人なら、職業柄「宇宙」という言葉に敏感で、小さいニュースでも「宇宙」が関係している事柄にはすぐ気がつきますが、畑違いの人にとっては、見過ごしてしまう、あるいは見落としてしまうニュースも多いことでしょう。

　私はスポーツが好きで、毎日ほとんどあらゆるスポーツのことをチェックしますが、そういう人はこの世に結構多いことも知っています。若いころはこれでも自分でスポーツに励んだ体も、四十腰だの五十肩だのということになるともういけません。最近は時々のジム通いを除けば、専ら「見るスポーツ」、「知るスポーツ」、「考えるスポーツ」になってしまいました。しかしながら私の心にはスポーツの話題がいっぱい詰まっているのです。

　外国を含め、各地を訪れると、その地の美術館などは、時間がある限り訪問します。これは若いころから「見て楽しむ」だけのものです。音楽も、「自分でやる」カラオケを除いて、これといった楽器に造詣が深いわけではないので、聴くことは大好きだけど、一面ピアノの弾ける人を見ると羨ましい限りですね。

　そうした私は、生涯のほとんどを注いだ「科学と技術」の世界を、芸術・スポーツの世界と比較することがよくあります。昔から人間の持っている価値観を「真・善・美」と定式化したのは誰だったのか、実に言い当ててますね。おそらく科学は「真」を、芸術は「美」を探り表現し探求するものなのでしょう。それぞれが人間の生活に独立した領域として「価値」を持っているものなんでしょう。

　いつも思うのですが、偉大な芸術の（あるいはスポーツにもそういう面がありますね）、あの圧倒的な感動というのは、本当に一瞬のうちに押し寄せ、非常に大勢の人を虜にし、まとめて別世界に連れて行く力を持っています。科学・技術がそういう面を持つことも、時にはありますが、やはり芸術・スポーツにはかないません。もし科学や技術がそのような性質を具備するようになったら、私たちの日常にとって、これほど力強い要素はないんだけど…と夢想することがよくあります。

　それでも、科学と技術が持っているポテンシャルは、この世界を幸せにするために大いに役立つと信じる気持ちに変わりはありません。でも使いようによっては不幸せ

i

の種子にもなることは、核兵器とかミサイルとかいったものを想起すれば十分すぎるほど証拠はありますね。

　ところで、私の心には、いまいつまで経ってもやって来ない平和な社会という世の中への憂鬱な想いが渦巻いています　そこから脱却する道筋の中に、「宇宙」が大切な役割を持っているのではないかという「予感」が私の心に芽生えたのは、ごく最近のことですが、それを仮説のように述べて、いろいろな人と議論しています。本書の中に展開しているさまざまな「宇宙」にまつわるニュースへの見方・考え方に、その想いを感じていただけば、私にとって非常に有難いことだと念じております。

　ある有名な作曲家の方が、「先年、後期高齢者になったために何かの手続きで市役所に行ったところ、窓口の若い男が、間違えて末期高齢者と言いやがった」と憤慨されていました。私も他人ごとではありません。でもとにかく問題意識だけは大切なものを持ち続け、この世界の平和にとっての「宇宙」の意味を問い続けるつもりでいます。本書を含め、今後ともよろしくお願いします。

　出版にあたり、山崎直子さんから帯に推薦の言葉をいただきました。平田利之さんは素敵なカバーデザインをしてくださり、共立出版の島田誠さんには編集のすべてのプロセスで大変なお世話になりました。心から御礼を申し上げます。私の毎日が愛する家族に支えられていることを、年を追って強く感じるこの頃です。本書をその大切な家族みんな、とりわけ私の毎日を成り立たせてくれている妻の佳代に、謝罪と感謝の気持ちを込めて捧げます。

2016年5月　来年には後期高齢者になる、

的川　泰宣

目　次

 ## 2012

2012年12月7日	ボイジャー1号が太陽系の最果ての領域に進入　1
2012年12月13日	小型の無人宇宙往還機 X-37B 打ち上げ　2
2012年12月18日	内之浦発射場 50 年、糸川英夫生誕 100 年　3

 ## 2013

2013年1月1日	今年の日本の宇宙・天文　5
2013年1月10日	スプリントA ――日本の新たな小型科学衛星計画が始まる　6
2013年1月19日	ロバート・ゴダード――液体ロケットの父　7
2013年1月24日	マナティに似た星雲――アメリカの国立天文台が撮影　8
2013年1月30日	宇宙へ行った生き物の話　10
2013年2月8日	韓国が人工衛星打ち上げ　11
2013年2月6日	惑星を調べる方法　12
2013年2月20日	ロシアに降ってきた隕石――宇宙からの怖い訪問者　13
2013年2月28日	パンスターズ彗星、もうじき！　15
2013年3月8日	天文衛星「ハーシェル」の寿命間近 ――ヨーロッパの赤外線望遠鏡　16
2013年3月15日	むかしの火星に生命が生きる環境 ――6つの元素を発見　17
2013年3月25日	ボイジャーに搭載したレコード盤 ――宇宙人へのメッセージ　19
2013年3月28日	人工衛星本体の色について　21
2013年4月4日	ダークマターの謎に迫る　22
2013年4月11日	畏友、前田行雄くんの逝去を悲しむ　23
2013年4月19日	宇宙が膨張しているわけ――ハッブルの大発見の根拠　26

iii

2013年4月28日	民間ロケット「アンタレース」発進
	—— 近未来に ISS へ資材を運ぶ　27
2013年5月4日	宇宙望遠鏡ハーシェル、ミッション終了
	—— 搭載のヘリウムを使い切る　28
2013年5月11日	故障に悩むケプラー宇宙望遠鏡
	—— 太陽系外惑星の発見に実績　30
2013年5月18日	最も活発な時期を迎えている太陽　31
2013年5月25日	グリニッジ標準時とは？　32
2013年6月1日	宇宙ホテルの構想　34
2013年6月13日	中国が神舟10号打ち上げ　35
2013年6月27日	七夕の星を見ようね　36
2013年9月23日	土星の極に巨大な六角形 —— カッシニの観測　37
2013年11月14日	若田光一さん、4度目の宇宙へ　39
2013年12月3日	アイソン彗星が壊れた！ —— 太陽最接近のとき　40
2013年12月10日	中国が月着陸機を打ち上げ　42

2014

2014年1月20日	「キュリオシティ」の成果 —— 火星着陸から1年半　44
2014年1月27日	ヨーロッパの探査機ロゼッタ目覚める　45
2014年2月3日	人間もこのサカナの子孫
	—— 古代魚の化石に骨盤の原型を発見　46
2014年2月10日	ヨーロッパのプラトー計画
	—— 地球型惑星の発見をめざす　48
2014年2月17日	火星表面に恐竜の骨？ —— 結局正体が判明　49
2014年2月24日	ロケット打ち上げ価格を100分の1に
	—— スペースX社の新しい試み　50
2014年3月3日	冥王星への旅 —— ニューホライズンズ　52
2014年3月10日	若田光一飛行士、ISS のコマンダーに就任　53

2014年3月27日	宇宙こそ人類の懸け橋に
	── ますます大事な若田ミッション　54
2014年3月31日	宇宙の未来　55

2014年4月7日	太陽系に続々と新発見 ── 心躍る惑星探査の世界　57
2014年4月18日	土星のリングで新しいドラマ ── 衛星誕生の姿か？　58
2014年4月24日	危険な小惑星が地球を襲う確率は低くない！　59

2014年5月8日	太陽系に生命を求めて ── エウロパ計画の現状　60
2014年5月23日	「だいち」2号の打ち上げ成功
	── 大規模災害と日常利用へ　62
2014年5月26日	アメリカの次の火星着陸機「インサイト」　63

2014年6月3日	アメリカ近未来の民間有人輸送 ── 三強がそろう　64
2014年6月9日	メガアースの発見 ── 太陽系の形成理論に一石　66
2014年6月18日	宇宙の大きさを感じる話（その1）── 地球という星　67
2014年6月26日	宇宙の大きさを感じる話（その2）
	── 地球のさまざまな地形　68

2014年7月3日	ドニエプル、一挙に37個の衛星を打ち上げ
	── 日本の小型衛星「ほどよし」も　69
2014年7月9日	宇宙の大きさを感じる話（その3）
	── 太陽系の大きさ　71
2014年7月17日	アポロ11号の月面着陸から45年　72
2014年7月25日	宇宙の大きさを感じる話（その4）
	── 惑星たちの運動の仕方　73

2014年8月1日	宇宙の大きさを感じる話（その5）
	── 太陽系から銀河系空間へ　75
2014年8月6日	宇宙の大きさを感じる話（その6）
	── 銀河系を去って広い広い宇宙へ　76
2014年8月13日	新型気象衛星「ひまわり8号」の打ち上げ迫る
	── 10月7日、種子島から　77
2014年8月21日	欧州の探査機ロゼッタが彗星に着陸　79
2014年8月27日	「はやぶさ2」のすべて（その1）── どこへ行くのか　81

v

2014年9月3日	「はやぶさ2」のすべて（その2）
	——なぜ小惑星へ行くのか　82
2014年9月10日	「はやぶさ2」のすべて（その3）
	——その旅のスケジュール　83
2014年9月15日	木星の衛星エウロパと生命　85
2014年9月23日	はやぶさ2のすべて（その4）軌道
	——どのような軌道を通るか　86
2014年10月1日	「はやぶさ2」のすべて（その5）
	——「はやぶさ」と「はやぶさ2」の違い　88
2014年10月10日	「はやぶさ2」のすべて（その6）スウィングバイ
	——省エネルギーの加速　89
2014年10月13日	火星に接近した太陽系最果てからの訪問者
	——サイディング・スプリング彗星　91
2014年10月23日	はやぶさ2のすべて（その7）
	——小惑星に接近する光学複合航法　92
2014年10月30日	「はやぶさ2」のすべて（その8）
	——小惑星に到着した「はやぶさ2」の観測　93
2014年11月5日	アメリカでロケットの事故が続く
	——「アンタレース」と「スペースシップ2」　95
2014年11月14日	欧州が史上初の彗星着陸
	——「ロゼッタ」から分離した「フィラエ」　96
2014年11月18日	「はやぶさ2」のすべて（その9）
	——小惑星への降下手順　97
2014年11月28日	「はやぶさ2」のすべて（その10）
	——サンプル採取の方法　99
2014年12月5日	「はやぶさ2」順調に旅立ち　100
2014年12月13日	はやぶさ2のすべて（その11）——復路と地球帰還　101
2014年12月15日	地球の海の水はどこから来たか？
	——「ロゼッタ」の観測でヒント　103
2014年12月16日	2014年の「宇宙」を振り返る　104

2015

2015年1月5日	2015の宇宙展望　106
2015年1月9日	冥王星に迫る「ニューホライズンズ」 ——2月から探査開始　107
2015年1月14日	軟着陸は果たせず——ファルコン9の第1段ロケット　108
2015年1月21日	探査機「ドーン」、準惑星ケレスまで1ヵ月半　110
2015年1月26日	探査機「ロゼッタ」が見た彗星の真の姿　111
2015年2月6日	タイタン着陸から10年——ホイヘンスの代表的成果　112
2015年2月13日	ヨーロッパの宇宙往還実験機成功　114
2015年2月17日	ペール・ブルー・ドット25周年 ——ボイジャーのファイナル・ショット　115
2015年2月25日	「あかつき」、金星周回軌道への再挑戦　116
2015年3月2日	日本の民間チーム「ハクト」 ——月面到達の賞金レース　118
2015年3月7日	探査機ドーンが準惑星ケレスの周回を開始 ——4月から本格観測　119
2015年3月13日	土星の衛星「タイタン」のメタンの海に生命？　120
2015年3月18日	日本の水星探査機「ベピコロンボ」がお目見え　121
2015年3月25日	開発進むボストーチヌィ宇宙基地　123
2015年4月2日	小惑星の岩塊を月まで持ってくる——NASA　124
2015年4月8日	「ペガサス」ロケット25周年 ——航空機から発射するロケット　125
2015年4月15日	姿を現した日本の新型基幹ロケットの基本性能 ——2020年度に試験機打ち上げ　127
2015年4月24日	月面着陸をめざす日本　129
2015年4月28日	「はやぶさ2」12月3日に地球スウィングバイ ——イオンエンジン順調　130
2015年5月7日	水星探査機メッセンジャーが任務を全うして 表面に衝突　131
2015年5月14日	ハッブル宇宙望遠鏡のきらめく成果　132
2015年5月28日	日本に次いでアメリカも「宇宙ヨット」に挑戦　135

2015年6月5日	エッジワース・カイパー・ベルト ――太陽系外縁の謎の領域　136
2015年6月12日	日本が世界初の火星の衛星サンプルリターンへ　137
2015年6月19日	ヨーロッパの次期中規模ミッション ――10年後の打ち上げに3つの候補　139
2015年6月26日	本日「うるう秒」を挿入！ ――午前8時59分60秒！　140
2015年7月1日	補給機ドラゴン、ISSに届かず ――ファルコン9ロケットが爆発炎上　141
2015年7月7日	「すばる」で暗黒物質の地図を作成　143
2015年7月16日	史上初の冥王星接近 ――NASAの探査機「ニューホライズンズ」　144
2015年7月23日	油井亀美也宇宙飛行士、ISSへ初飛行　145
2015年8月7日	太陽の光を浴びる月の裏側と地球 ――NASAの衛星「ディスカバー」　146
2015年8月14日	彗星や小惑星の奇妙な形はどうやってできたのか(1)　148
2015年8月21日	彗星や小惑星の奇妙な形はどうやってできたのか(2)　149
2015年8月21日	「こうのとり」打ち上げ――油井さんの待つISSへ　150
2015年8月28日	「こうのとり」がISSにドッキング　152
2015年9月5日	日本のX線天文衛星「すざく」が科学観測終了 ――9年の活躍にピリオド　153
2015年9月10日	NASAのエウロパ探査機の現状――生命存在への期待　154
2015年9月10日	アメリカの民間有人宇宙船の名称を「スターライナー」に ――ボーイング社のCST-100　156
2015年9月25日	宇宙に最も長く滞在した宇宙飛行士が帰還 ――ロシアのパダールカさん　157
2015年10月2日	火星に塩分を発見――溶けた水の手がかり　158
2015年10月7日	"Ryugu"（リュウグウ、竜宮） ――「はやぶさ2」の目標小惑星の名称決定　159
2015年10月16日	冥王星についての5つの発見 ――「ニューホライズンズ」探査機のデータ　161
2015年10月25日	「ブラックホール」という言葉の由来　162

2015年11月1日	国際宇宙ステーション後の宇宙国際協力は？ 163
2015年11月8日	「重力波」世界初観測へ ── 望遠鏡「かぐら」が完成 165
2015年11月16日	宇宙の活動を平和の絆として育てよう 166
2015年11月19日	宇宙で微生物をつかまえる「たんぽぽ計画」 ── ISS「きぼう」実験棟 168
2015年11月30日	完全再使用の宇宙船へ歴史的一歩 ── ブルー・オリジン社の「ニュー・シェパード」 169
2015年12月5日	JAXAが「はやぶさ2」の地球スウィングバイを実施 ── 一路「りゅうぐう」へ 170
2015年12月10日	金星探査機「あかつき」の快挙 172
2015年12月16日	日本の6代目のX線天文衛星 「アストロH」の打ち上げ迫る！ 173
2015年12月22日	2015年の「宇宙」を振り返って 176

2016

2016年1月6日	2016年の日本の「宇宙」を展望する 178
2016年1月13日	ブラックホールを可視光線で観測 ── 史上初の快挙 179
2016年1月20日	宇宙輸送の新時代を担うアメリカの補給船3機 ── NASAが新たに契約 180
2016年1月27日	太陽系に第9の惑星発見か？！ ── 海王星のはるか彼方 182
2016年2月3日	宇宙飛行の歴史での事故 ── 尊い犠牲を永遠に忘れないように 183
2016年2月9日	彗星の内部に空洞なし ──「ロゼッタ」探査機の成果 184
2016年2月10日	衛生かミサイルか？ ── 北朝鮮の「衛星」打ち上げに思う(1) 186
2016年2月11日	「危険な開発」と世界の責務 ── 北朝鮮の「衛星」打ち上げに思う(2) 187
2016年2月12日	新しい日本人のこと ── 北朝鮮の「衛星」打ち上げに思う(3) 189
2016年2月13日	ウクライナ問題と宇宙 ── 北朝鮮の「衛星」打ち上げに思う(4) 191
2016年2月14日	「狂騒」曲の始まり ──「重力波発見」の裏話(1) 192

ix

2016年2月15日	陰の主役たち ―― 「重力波発見」の裏話(2) 194
2016年2月16日	ノーベル賞は誰に？ ―― 「重力波発見」の裏話(3) 198
2016年2月24日	日本の新しいX線天文衛星を打ち上げ 　　　　　―― 「ひとみ」と命名 202

2016年3月3日	史上最高の性能を持つ日本のX線天文衛星 　　　　　―― 「ひとみ」の観測機器 203
2016年3月5日	3月5日〜8日に小惑星が地球近くを通過 205
2016年3月9日	欧州の火星探査機エクソマーズ 206
2016年3月12日	宇宙長期滞在の意味するもの 208
2016年3月19日	「エクソマーズ1号」打ち上げ 　　　　　―― 火星生命を探る欧露協力 209
2016年3月23日	宇宙でゴールドラッシュ到来の可能性？ 　　　　　―― アメリカで天体資源の所有認める法律 211
2016年3月26日	平和の礎を築くために貢献する「宇宙」 212
2016年3月30日	世界で最初に宇宙を飛んだ人 　　　　　―― ユーリー・ガガーリン 214

2016年4月6日	土星の月とリングは恐竜より新しい？ 215
2016年4月13日	「ひとみ」との通信が断絶、「姿勢制御」に異常か？ 　　　　　―― 懸命の復旧努力つづく 216
2016年4月20日	初の膨張式構造物の試験機 ―― ISSに取り付け 218

2016年5月7日	スペースX社のロケットが船上に着地 　　　　　―― 再使用に大きな一歩 219
2016年5月11日	2018年に民間企業が火星へ 221
2016年5月18日	水星の太陽面通過を観測 　　　　　―― 10年に1度の天体ショー 222

索引 224

2012年12月7日

ボイジャー1号が太陽圏の最果ての領域に進入

　NASA（米国航空宇宙局）の探査機ボイジャー1号が、太陽系の最も遠くの領域に踏み込んだ模様です。

　ボイジャー1号とその姉妹機であるボイジャー2号は、1977年に打ち上げられて以来、35年間にわたって太陽系を旅して来ました。そして今まさに太陽圏を脱出しようとしています。ただ、この太陽圏の端の様子は、人類にとって未知の世界なので、詳しい状況がよくはわからず、科学者たちは、脱出するときの様子を明確に描くことが難しかったのです。

　しかしこのたびようやく、ボイジャー1号が送ってきているデータから、太陽圏を最も外側で包んでいる荷電粒子の泡の中を飛んでいることが明らかになっており、これこそが真の太陽圏の端であると、科学者たちは考えています。

　ボイジャー1号は、科学者たちが「磁気のハイウェイ」と呼んでいる領域に入ったと見られています。それは、太陽圏内部の荷電粒子が外側に流れ出しており、他方で外の銀河系空間から太陽圏の内部に粒子が入ってきています。これこそ星間空間と太陽圏との境目の領域です。この領域の様子については、これまでデータが全くなく、ボイジャーがどんな領域を最終的にくぐって外に出るのかは、これまでは予測できなかったのです。

　人類にとって未知のこの世界──ボイジャーが初めて経験しているこの新たな領域がどこまで続いているのか、予測が不可能です。ボイジャーが遠くへ行けば行くほど、太陽からの粒子はエネルギーが小さくなり、反対に太陽圏の外側からやってくる粒子のエネルギーが大きくなると考えられており、ボイジャー1号に搭載している観測機器は、明らかにその傾向を示しているのです。

　ボイジャーは、言うまでもなく、これまで人類が軌道に送った探査機の中で最も長い旅をしているものですが、これらが太陽以外の恒星に出会うには、少なくとも

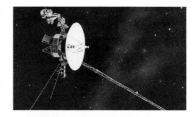

太陽系最遠の空間を行くボイジャー1号（口絵1）

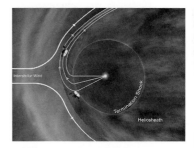

太陽圏の端における太陽風の流れ

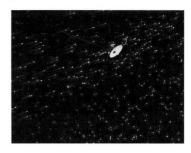

内側からの粒子と外側からの粒子が混在

2012

これから4万年後と考えられます。ボイジャーの機器からの信号が最終的に地球に届かなくなるのは、2025年ごろと予想されています。天晴れなボイジャーに拍手を送りましょう。

2012年12月13日

小型の無人宇宙往還機 X-37B 打ち上げ

アトラス5によるX-37Bの打ち上げ

打ち上げ前のX-37B（オリジナル）

NASA（米国航空宇宙局）のスペースシャトルが昨年引退した後、アメリカ空軍が開発していたX-37Bという小型で無人の宇宙往還機がクローズアップされていました。その3回目の飛行が、さる12月11日、アトラス5ロケットによって無人で打ち上げられて開始されました。これから224日の軌道飛行に挑むのです。

X-37Bの飛行履歴を紹介しますと、まず、2010年4月から12月まで、OTV-1と命名された機体の第1回目の軌道飛行が試みられ、無事に地球に帰還しました。次いで1回目とは別の機体（OTV-2）が、2011年3月に打ち上げられ、今年の6月まで469日の長期にわたって軌道にとどまりました。そしてこのたび3回目。これは2010年に飛行した機体と同一のOTV-1で、その2回目の飛行ということになります。

軌道にいる間、X-37Bは基本的に自分だけの力で仕事を続け、何か想定外の事件が起きたとき、時々地上局と会話して障害を乗り越えます。ミッションを終えたら、X-37Bは、ブレーキをかけ、大気圏に突入して滑走路に自律的にピンポイントで降りてきて、修復・点検の後に再使用し続ける計画です。何度も同じ機体を使いたいわけですから、同じ機体OTV-1を再使用する今回の飛行は、それが本当に自律的に運用できるかどうか、アメリカは非常に慎重に見守っています。

これまでのX-37Bの2回の飛行では、帰還したのはカリフォルニアのバンデンバーグ空軍基地でした。このたびの帰還では、フロリダのケネディ宇宙センターに帰還することを試みる予定になっています。こうしてやが

ては地球上の飛行場のどこでも着陸できるようにしたいのだと思います。

　X-37Bは、長さ8.7m、翼幅4.5mで、その背中には、約2mの長さ、1.2mの幅の荷物室を持っています。この荷物室に格納して運ばれた荷物は、軍事的にも使われるでしょうが、もちろんさまざまな科学実験にも使用されます。これからこの往還機の技術は、一般に人たちが宇宙へ飛ぶための未来への架け橋として世界を席巻していくでしょう。私たちも注意深く見守ることにしましょう。

着陸したX-37B2号機

太陽電池パネルを広げて飛行するX-37B（想像図）

2012年12月18日

内之浦発射場50年、糸川英夫生誕100年

　いろいろなことがあった2012年。私にとって感慨深かったのは、鹿児島県の大隅半島の南端に近い肝付町で挙行された、宇宙航空研究開発機構（JAXA）の内之浦宇宙空間観測所の設立50周年記念式典でした。11月10日のことです。この発射場は、小惑星探査機「はやぶさ」が2003年に旅立ったことでも知られていますね。

　設立は1962年でした。私が大学院生として初めてこの地を訪れたのは1965年のことでした。そのときは観測ロケットの打ち上げで、任務についた場所に行く途中で「マムシ」に出会ってびっくりしたのを憶えています。

　この丘陵地帯にロケット発射場を建設しようと奇想天外の提案をしたのが、「日本の宇宙開発の父」糸川英夫

80歳の糸川英夫先生（1992）

2012

「おおすみ」記念碑と並ぶ糸川先生の立像
（口絵2）

立像の前面に刻まれている言葉

博士です。実は今年は糸川先生の生誕100年にあたっており、発射場50年と並行して、その生誕100年も祝いました。そして、翌11日には、糸川先生の等身大の立像の除幕式も行われたのです。

私が大学院の最後の年（1970年）に、ここ内之浦から日本最初の人工衛星「おおすみ」が打ち上げられ、軌道に乗りました。あのときの感動は忘れられないものになりました。今その「おおすみ」の記念碑が発射場の日当たりのいい場所に建てられており、そのすぐそばに糸川先生の立像がお目見えしたのです。

立像の糸川先生は、両腕をがっしりと組んだ姿で、東に広がる太平洋を見つめています。私の指導教官だった糸川先生の像が、私の生涯で最も感動した打ち上げだった「おおすみ」と並んで屹立する姿に、非常に強烈な印象を覚えました。

内之浦は、「おおすみ」の後で数々の科学衛星を名機ミュー・ロケットによって次々と打ち上げ、世界の宇宙科学、宇宙探査に大きな貢献をした「聖地」です。ミューの時代は2006年に終わりを告げましたが、来年2013年には、「イプシロン」という固体燃料の衛星打ち上げ用ロケットが、内之浦からデビューし、新たな50年が始まります。

立像のすぐ下に刻まれている言葉をご紹介しておきます——「人生で最も大切なものは、逆境とよき友である　糸川英夫」。その晩年に先生が色紙にたびたび書かれていた味わい深い言葉です。来年がみなさんにとって飛躍の年になりますように！

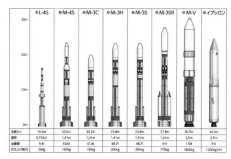

日本の科学衛星打ち上げロケットの系譜

今年の日本の宇宙・天文

2013年1月1日

明けましておめでとうございます。

昨年は「天文の当たり年」で、金環日食やら金星の太陽面通過、金星食など、いろいろ楽しみましたね。今年の天文は何と言っても、2つの大彗星でしょう。彗星は、「ほうき星」とも呼ばれ、太陽に接近すると長い尻尾が見えてきます。本体は「汚れた雪玉」と呼ばれる直径数kmの小さな天体なんですけどね。

今年は、「パンスターズ」という、ハワイの研究所が中心になっている太陽系小天体の探索プロジェクトが発見した彗星が3月に、また11月末には昨年発見されたアイソン彗星が裸眼で見えるようになると予想されています。本当にそうなるかどうかはまだわかりませんが、どちらも金星をしのぐほどの明るさになるかも知れないそうですから、楽しみに待つことにしましょう。

ところで日本の宇宙活動もいろいろと予定されています。今年度は、鹿児島の内之浦から新型固体燃料ロケット「イプシロン」が新たな期待を負ってデビューし、惑星分光観測衛星「スプリントA」を軌道に運びます。

種子島からの打ち上げは、1月の情報収集衛星を皮切りに、国際宇宙ステーション（ISS）補給機「こうのとり4号」（夏以降）、「陸域観測技術衛星だいち2号」（ALOS-2）（秋）が控えており、日本の天文衛星史上最大の次世代X線天文衛星「アストロH」や、各国と協力して地球全体の降水・降雪量を観測するGPM衛星の打ち上げが予定されています。

そして12月には、若田宇宙飛行士がソユーズで打ち上げられ、半年間のISS長期滞在をします。彼は滞在の途中からは、日本人初のコマンダーとして重い任務を果たすことになります。日本人がISSコマンダーとなるのは今回が初めてです。世界に大きな貢献を期待したいものです。では今年もよろしくお願いします。

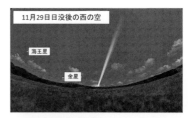

アイソン彗星の予想図

「だいち2号」（想像図）

ASTROH衛星（想像図）

2009年3月にISSに旅立ったときの若田光一飛行士

2013

2013年1月10日

スプリントA ── 日本の新たな小型科学衛星計画が始まる

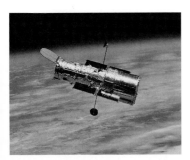

ハッブル宇宙望遠鏡

ハッブル宇宙望遠鏡が写した木星（2007年4月）

スプリントA衛星（想像図）

　今年は日本の新型ロケット「イプシロン」がデビューします。その1号機に搭載されるのが、世界初の惑星観測専用の宇宙望遠鏡「スプリントA」（惑星分光観測衛星）です。

　小惑星探査の「はやぶさ」のように、太陽系の天体を観測するためには、ロケットで打ち上げた探査機が直接現場へ飛んで行くのが、これまでのやり方でした。しかし最近では望遠鏡の性能が向上した結果、ハッブル宇宙望遠鏡のように、地球を周回しながらでも木星や土星の高解像度の画像が得られるようになってきています。

　そこで、日本の得意技である大気やプラズマにターゲットを絞って、水星・金星・火星・木星・土星の大気やプラズマに起こる宇宙空間への大気の流出、磁気圏の変動などを、継続的・集中的に観測しようと計画したのが、この「スプリントA」衛星です。

　科学衛星もだんだん大きく複雑になってきて、その値段も高くなってきています。そうなると、頻繁に打ち上げることが不可能になってきますね。一方で、日本が宇宙科学で最先端を走っていくためには、新しい観測や研究を継続していくことが不可欠です。

　おまけに、衛星の観測機器にとって「いのち」とも言えるセンサー類はめざましい勢いで進歩していきます。だから、衛星を打ち上げてしばらくすると、搭載しているセンサー類はどんどん古いものになってしまうのです。

　日本の宇宙科学者たちは、従来の中型・大型科学衛星の開発や打ち上げを行う一方で、それを補う形で、小型で安上がりの科学衛星を頻繁に打ち上げて、常に世界のトップで大きな働きをしたいと考えています。

　「スプリントA」は、モジュール構造になっており、電源・通信・姿勢制御など衛星の基本機能を提供する部分を標準化し、これから提案されると思われるさまざまなミッションで共通に使えるようにしたいのです。でき

るだけ共通化し、短い時間で開発することによってコストを削減し、科学衛星ミッションのさまざまな要求に柔軟に対応しながら、イプシロンロケットと連携して、世界と闘いたいと考えています。

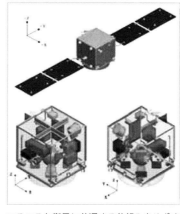

いろいろな衛星に共通する仕組みをめざす

2013年1月19日

ロバート・ゴダード──液体ロケットの父

　世界初の本格的な液体燃料ロケットを打ち上げることに成功した人は、アメリカのロバート・ハッチングズ・ゴダード（1882～1945）です。

　彼が生まれたのは、アメリカ・マサチューセッツ州のウースターという町です。多くの宇宙開発のパイオニアたちと同様に、少年時代に読んだSF（空想科学小説）によって、宇宙への憧れが芽生えたそうです。とりわけゴダード少年が強い影響を受けたのは、16歳のときに出会ったH・G・ウェルズの『宇宙戦争』です。

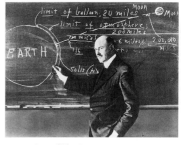

ロバート・ゴダード

　大学を卒業すると、彼はすぐにロケットの研究を始め、1914年ごろには、スミソニアン協会という財団の財政援助を受けて、固体燃料ロケットの設計をしており、1919年にはロケットを使えば月旅行ができるという内容の論文を出しています。

　そして1926年3月16日、マサチューセッツ州オーバーンの農場で、ゴダードは世界最初の液体燃料ロケットの打ち上げに成功しました。そのロケットは、現在のロケットとは様子が異なっています。ロケットの本体は子ども用の野球のバットくらいの大きさで、初飛行では

2013

ゴダードの1号機

いろいろな衛星に共通する仕組みをめざす

2.5秒の間に12メートルくらい上昇しました。

　ところがゴダードの研究を、有名なニューヨーク・タイムズという新聞が社説で、「ゴダード博士は変な人だ。月には空気がないからロケットは飛べないのに、そのロケットを使って月へ飛ぼうとしている」と皮肉たっぷりにあざ笑いました。ゴダードは、それに反論することも馬鹿馬鹿しく、すっかりマスコミ嫌いになってしまいました。ロケットが空気のないところでも加速できることは、今では子どもでも知っていることですがね。

　ゴダードの研究に関心をもったチャールズ・リンドバーグの協力なども得て、ゴダードは、精力的な研究を続け、制御装置のついたロケットを開発するなど、素晴らしい研究成果を残しました。彼は、第二次世界大戦中に喉頭癌に倒れ、1945年8月に亡くなりました。あのアポロ計画を始めるに際して、ゴダードの死後に与えられた200以上の特許をアメリカ合衆国が買い取ったことは有名な話です。

　1969年、アポロ11号が月面に着陸する前の日、ニューヨーク・タイムズ紙は半世紀も前にゴダードを皮肉った社説を撤回し、自己批判しました。現在では、ゴダードは、「液体ロケットの父」と呼ばれています。

2013年1月24日

マナティに似た星雲——アメリカの国立天文台が撮影

水生哺乳類のマナティ

　みなさんは、マナティという動物を見たことがありますか。水族館では人気の水生のマナティは、絶滅が心配されている哺乳類です。大変ユーモラスな表情や動きをします。

　さて、これまでにも人類は、見上げる夜空にさまざまな動物の姿を見つけて、「カニ星雲」、「ふくろう星雲」、「猫の目（キャッツアイ）星雲」「馬頭星雲」などと名づけてきました。念のためご紹介すれば、「カニ星雲」は、おうし座にあって、1054年に爆発した超新星の残骸です。「フクロウ星雲」（おおぐま座）は、丸い星雲の

中にちょっと暗い部分が並んでいるので、フクロウの顔みたいに見えます。「猫の目（キャッツアイ）星雲」（りゅう座）も惑星状星雲。ハッブル宇宙望遠鏡が、その複雑な構造を映し出しました。「馬頭星雲」は、オリオン座にある巨大な暗黒星雲の一部ですね。名前の通り、馬の頭に似た形で非常に有名です。

　下の一番左の写真を見て下さい。これはさる1月19日、アメリカの大型電波望遠鏡で撮影された「わし座」のガス状星雲（地球からの距離は1万8000光年）です。参考までに並べた本物のマナティに非常に似ているでしょう？「W50」と呼ばれているこの星雲は、約2万年前に爆発した恒星の残骸なのです。超新星爆発が起きたあたりには、現在ブラックホールがあります。そのブラックホールが、周囲の星からガス状物質を吸い込む一方、広い範囲にジェットを高速で噴出していて、このマナティの姿のような模様を描いてくれているのです。

　人間は昔から生き物に対して深い愛情を持っています。その親しみが、夜空に輝く星雲に動物の姿を発見する大きな心理的動機なのでしょう。

　マナティは1970年ごろには、フロリダにわずかに700頭しか生きていなかったと言われています。でも人間の保護活動によって、今では5000頭にまで達しているそうです。今後もマナティが元気に生きてくれるよう、願いを込めて「マナティ星雲」と愛称をつけたそうです。アメリカの天文学者も優しいですね。

カニ星雲（口絵3）

フクロウ星雲（口絵4）

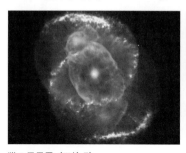

猫の目星雲（口絵5）

「マナティ星雲」（左）と水生哺乳類のマナティ（右）

馬頭星雲（口絵6）

2013

2013年1月30日

宇宙へ行った生き物の話

ミバエを打ち上げた V2 ロケット（ホワイトサンズ）

最初に軌道飛行したイヌのライカ

人気者になって雑誌の表紙を飾ったエーブルとベーカー

　これまでに宇宙へ運ばれた生き物はいっぱいいます。それには主として2つの目的がありました。第一に、人間が宇宙へ行くための準備として動物たちが使われます。いきなり人間が行くのが怖いので、打ち上げの際の加速にどれぐらい耐えられるか、無重量の環境で呼吸や食事ができるかとか、さまざまなことが動物たちによってテストされたのです。

　第二に、将来人間が宇宙で生活するのに必要な食糧を確保するためです。いろいろな植物を宇宙で栽培して、宇宙の特殊な環境でどのように生育するかを調べているのです。

　最近では、宇宙へ行くと骨量の減少や放射線被爆が生じたりという事態もあって、それが地上での人間の生活にも深く関係していることがわかってきています。宇宙での生物実験が私たちの健康や日常生活にも非常に参考になるデータを提供してくれるのです。

　これまでに宇宙へ行った動物は、数え上げるとキリがありませんが、イヌやサル以外にも、たとえば、ラット、マウス、テンジクネズミ、ネコ、ブタなど哺乳類だけでなく、ハエ、ハチ、カブトムシ、コオロギ、アリ、ガ、クマムシ、チョウ、カイコ、クモ、カタツムリ、コイ、メダカ、ウニ、カメ、カエル、……どうです。これ以外にもいっぱいいますよ。

　最初に人間が宇宙へ派遣した動物は、実は「ミバエ」というハエです。アメリカが V2 ロケットで打ち上げ、弾道飛行しました。そして、ユーリ・ガガーリンが人類初の軌道飛行を成し遂げた 1961 年 4 月までに、初めて地球を周回したイヌのライカ（1957 年、ソ連、スプートニク 2 号）などなど、ソ連は多くのイヌを飛ばしています。

　またアメリカは、初の宇宙からの地球帰還を果たしたサルであるエーブルとベーカー（1959 年、弾道）など主としてサルを使いました。エーブルとベーカーが打ち

上げの際に経験したのは38Gでした。自分の体重の38倍もの力を受けてそれに耐えたんですから、すごいですね。

それから、1961年には、チンパンジーのハムが、マーキュリーカプセルに搭乗して宇宙を飛び、その飛行によって動物が宇宙飛行の最中にさまざまな作業をできることを実証しました。これがアメリカの有人飛行の先駆けとなったのも有名な話ですね。

チンパンジーのハム

2013年2月8日

 ## 韓国が人工衛星打ち上げ

韓国の人工衛星はこれまでにもありましたが、いずれも日本を含む他国に打ち上げてもらったものでした。しかし、さる1月30日午後、全羅南道・高興郡（チョンラナムド・コフングン）の羅老宇宙センターから打ち上げた「羅老（ナロ）」ロケットにより、初めて自国の力で人工衛星を軌道に乗せました。

この日午後4時ちょうどに発射されたロケットは、ノーズフェアリング（衛星保護カバー）を分離した後に1段目と2段目を分離、9分後に軌道に乗ったことが確認されました。「打ち上げ成功」が公式発表され、韓国全域に歓呼の声があがりました。その後31日3時27分12秒には、大田（テジョン）市にある地上局が衛星との交信に成功し、衛星が正常に働いていることが確認されました。

このロケットは、1段目をロシアのクルニーチェフ国家研究生産宇宙センターが製作、2段目は韓国の独自開発でした。どちらも予定通りの性能を示し、衛星は計画に沿った軌道に投入されました。

韓国は過去に2回の衛星発射を試みました。1回目の発射は2009年の「羅老1号」。これはノーズフェアリングの片方が分離しなかったため、軌道速度に達することができず、衛星は大気圏に再突入し燃え尽きました。2回目の発射は2010年の「羅老2号」。発射の137

羅老宇宙センターの位置

羅老の打ち上げ

2013

大田市にある韓国の管制室

誕生した韓国の人工衛星

秒後に通信が途絶し、爆発。今度の3度目の試みは昨年11月から始まっていたのですが、電気信号の異常などが見つかり、直前に打ち上げ作業がストップしていました。

衛星の名前は、「科学技術衛星2C」。地球周辺の放射線や電子・プラズマなどの観測装置などを載せています。重さは約100kgの小型衛星で、設計寿命は約1年。

日本が1960年代に初の人工衛星打ち上げに挑んだころ、何度もうまくいかず、1970年に5度目の挑戦で、ついに「おおすみ」という小さな衛星を打ち上げました。そのころ、私は大学院生でしたが、打ち上げが成功したときは躍り上って喜んだものです。ともかく、韓国の宇宙時代が新しい時期に入ったのです。次の韓国の目標は、1段目の自力製作でしょう。まずは、韓国の関係者のみなさまに心からおめでとうを申し上げます。

2013年2月6日

惑星を調べる方法

ロケットを使っても行けないような遠くの天体は、地表や地球周回衛星に設置した望遠鏡で観測する以外には方法がありませんね。しかし私たちの太陽系内の天体（惑星など）ならば、現在の宇宙技術を使えば、直接その天体を訪れて調べ上げることができます。

最も初歩的なものは「フライバイ」（接近通過）。その天体のそばを通りすがりに観察する方法です。フライバイ観測でめざましい成果をあげたのは、1977年にアメリカが打ち上げた2機の「ボイジャー」です。特に「ボイジャー2号」は、木星、土星、天王星、海王星を次々とフライバイし、それらの惑星表面の鮮明な画像を人類に届けてくれました。

もっと詳しく惑星などを観測しようと思えば、その天体のそばでロケットを噴かしてブレーキをかけ、オービター（周回衛星）にします。余分のロケット・燃料が必要になるので、フライバイできる重さの半分ぐらいしか

フライバイの概念図（右）とボイジャーが1989年に海王星のそばをフライバイした際に撮った海王星の画像

衛星軌道に投入することはできません。しかし天体を長期にわたって回りながら観測できるので、フライバイよりは膨大なデータを取得できます。たとえば現在土星を周回している「カッシニ」がそうですね。

　オービターよりも近くで調べようとすれば、ランダー（着陸機）にしなければなりません。惑星などの表面に着陸するには、そのための装備が余計に必要ですから、ランダーはオービターのそのまた半分ぐらいの重さになってしまいます。1976年に火星に着陸して生命の痕跡の有無を調べた「バイキング」のランダーなどがありますね。着陸してから車などを使って表面を移動できるようにしたものがローバー（探査車）で、現在火星表面で活躍している「キュリオシティ」は優秀なローバーです。

　着陸してその表面からサンプルを収集した後に、再び飛び上がって地球まで戻ってくるのが「サンプルリターン」で、地球上の完備した機器を使って、もっと詳細な分析ができます。これをやり遂げたのが「はやぶさ」です。

　このように、「フライバイ→オービター→ランダー（ローバー）→サンプルリターン」と、だんだん技術的には難しくなりますが、科学者たちは、このようにいろいろな方法を駆使して、私たちの太陽系のことを研究しているんですね。

オービターの概念図と土星のオービター「カッシニ」による画像

ランダーの概念図と火星上のバイキング・ランダー

サンプルリターンの概念図と「はやぶさ」の着地

2013年2月20日

 ## ロシアに降ってきた隕石──宇宙からの怖い訪問者

　さる2月15日の朝（現地時間）、ロシアのチェリアビンスク州に突然降ってきた隕石のニュースは、世界中を驚かせました。隕石は朝の穏やかな空気を切り裂き、真っ赤な炎ともうもうたる煙を伴い、超音速の飛行で生み出された衝撃波が、家々の窓ガラスを直撃し、破壊し

2013

隕石の衝撃波で壊れた建物の窓ガラス

チェバルクリ湖の氷に空いた穴

2013年2月、チェリアビンスク州の空に現れた隕石（口絵7）

恐竜を絶滅させた隕石（想像図）

ました。約1200人もの怪我人を出したそうです。おそらくはチェバルクリ湖という湖に落ちたと思われるこの隕石は、重さが約1万トン、直径約17メートルで、広島型原爆の約30倍に相当する約500キロトンのエネルギーを放出したと言います。一体どこからやって来たのでしょうか。

隕石の正体は、私たちの太陽系に存在する小惑星と呼ばれている小さなかけらです。小惑星は、主として火星と木星の間に非常にたくさん存在しています。中には地球の通り道を横切るような変則的な軌道を持つものもあり、そのようなかけらが地球の大気に飛び込んでくると、秒速が16km以上もあるので、大気は、逃げる間もなくこの物体に激突するので、「断熱圧縮」という現象によって大変な高温になり、かけらは燃えてバラバラになりながら溶けていきます。

夜空を眺めていて、時々目にする「流れ星」も同じ現象ですね。でも、突入してきたかけらが大きいと、大気中で溶けきれないで地上に到達します。これが「隕石」と呼ばれているものですね。もしこれがとても大きな小惑星だとすると、地上に巨大なクレーターを作り、舞い上がった砂や埃は空を覆い、太陽の光をさえぎって、地球表面に生きる「いのち」に悲惨な影響を及ぼします。今から約6500万年前、メキシコのユカタン半島に落下したと推定されている直径10kmの小惑星は、地上で反映していた恐竜たちを、短期間に絶滅させたとも言われています。

小惑星は、軌道のわかっているものだけでも40万個以上ありますが、軌道の知られていない小さなものは、あらかじめ予測ができないので、突然空から悪魔のように現れるのですね。今回のような宇宙からの訪問者は、私たちの地球が、数多くの物体が飛んでいる広い宇宙空間に孤独に無防備に浮かんでいる存在であることを、あらためて私たちに教えてくれました。私たちは、もっともっと宇宙のことをよく知り、いろいろな不慮の事態に備える能力を身につけなければなりませんね。

2013年2月28日

パンスターズ彗星、もうじき！

　今年は明るい彗星が2つやってくると書きました。その最初の彗星「パンスターズ彗星」の接近がいよいよ間近です。この彗星は、太陽からはるかに離れた冷たい場所に、太陽系が誕生したころの様子を保存しながら、無数の仲間の彗星とともに、ゆったりとしたスピードで太陽を周回していたらしいのです。「オールトの雲」と呼ばれているところですね。それが、何かのはずみにその軌道を外れて、太陽系の内側に向かって落下してくる道筋に乗りました。今回の接近が、おそらくこの彗星の最初で最後の太陽接近と推定されています。

　まずは左上図を見てください。パンスターズ彗星が太陽に最も近づくのが3月10日（日本時間）。このときの太陽からの距離が約4500万km、地球からの距離は約1億6600万kmで、図を見るとわかるように、ちょうど地球からは、彗星の延びた尻尾を真横から眺められる位置にありますね。予想通りに長い尾ができれば、壮大な天体ショーになりそうですね。

　ところが、彗星の明るさは、予測するのが非常に難しく、来てみなければわからないのです。明るければマイナス1等級ぐらい、暗ければ0等級ぐらいと言われていますが、彗星の光には広がりがあるので、いわゆるマイナス1等級や0等級の星に比べると、暗く感じるのではないでしょうか。

　日本で観測しやすい時期は、3月10日以降で、このころから日没後の西の空に現れます。3月下旬から4月初めになると、日没後の西の空と日の出前の東の空と、日に2回ずつ観測できるようになりますよ。でもこのころはまだ太陽からあまり離れておらず、低いところに見えているから、ちょっと見づらいでしょうね。

　4月5日に双眼鏡で見ていると、有名な「アンドロメダ銀河」と同じ視野に入っているのが見えるはずです。薄明りの中だから、一生懸命探さないと見えないでしょうが。4月後半以降になると、カシオペア座の中に

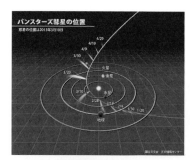

パンスターズ彗星の軌道

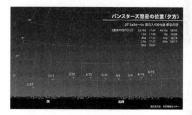

夕方のパンスターズ彗星の見え方

明け方のパンスターズ彗星の見え方

2013

あって一晩中見えるようになります。ただし太陽から少し遠くなるので、太陽最接近のころのような明るさにはなりませんが。

　前頁の図を参考にしながら、みんなで楽しく探してみましょう。

2013年3月8日

天文衛星「ハーシェル」の寿命間近
——ヨーロッパの赤外線望遠鏡

赤外線天文衛星ハーシェル

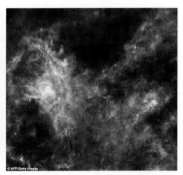

ハッブルが初めてとらえた、地球から約1000光年離れたわし座内の星雲。星がいっぱい生まれている領域（口絵8）

　2009年に打ち上げて以来、数々の星の誕生や銀河の進化を探り続けてきたESA（欧州宇宙機関）の大型天文衛星「ハーシェル」が、近く寿命を迎えます。「ハーシェル」は赤外線で宇宙を見ているのですが、赤外線というのは本質的には熱線なので、観測機器を絶対零度に近いところまで冷やさなければならないのです。冷やすために使うヘリウムを、あと2～3週間で使い切ってしまうというわけですね。

　現在科学者たちは、「ハーシェル」が最期を迎えるぎりぎりの瞬間まで、1つでも多くの画像を習得しようと、懸命の努力を続けています。すでに「ハーシェル」搭載の赤外線望遠鏡で撮られた数千枚の画像は、これから数十年間にわたって、星や銀河の研究に役立つ貴重なものなのです。

　プリズムを用いて、太陽の光がスペクトルに分けられることを発見したのはアイザック・ニュートンですが、その後、1800年に、ウィリアム・ハーシェルが、そのさまざまな波長を含んでいる太陽の光の中で、いちばん温度の高いのは、実は目に見える可視光線の外側、つまり最も波長の長い赤い色を超えたところにあることを見つけました。

　可視光線と呼んでいるのは、400 nm（紫）から700 nm（赤）までの波長ですが、700 nmよりも波長が長くてマイクロ波よりも短い波長の電磁波を「赤外線」と呼ぶことにしているようです。これはまあ一種の

約束です。時には赤外線の中でも比較的長い波長のものはサブミリ波と呼ぶこともあるそうですが……。

ところが赤外線で宇宙を観測しようとすると、地球大気にある水蒸気が赤外線の多くを吸収するという厄介な事態が生じます。だから地上に設置されている大部分の赤外線望遠鏡は、水蒸気が邪魔をしない高地に置かれています。マウナケア（標高4205 m）、チリのALMA（標高5000 m）、あるいは南極高地のドームCなどなど。

でも何と言っても理想的な観測場所は宇宙です。そこで、スピッツァー望遠鏡（2003年、米国）や「あかり」（2006年、日本）などの赤外線専門の衛星が打ち上げられてきたし、ハッブル宇宙望遠鏡のような光学望遠鏡にも、赤外線で宇宙を見る機器が載せられているのです。また、日本では現在「スピカ」という赤外線天文衛星の大計画が検討されています。まずは大活躍した「ハーシェル」に拍手を送り、科学者たちの最後の頑張りを見守りましょう。

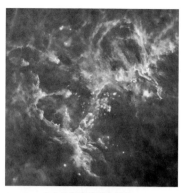

ハーシェル宇宙望遠鏡が赤外線でとらえた広範囲のわし星雲（口絵9）

衛星の名の由来となった天文学者ハーシェル

2013年3月15日

むかしの火星に生命が生きる環境——6つの元素を発見

NASA（米国航空宇宙局）が打ち上げた火星探査車「キュリオシティ」は、昨年8月5日にゲイルクレーターに着陸し、これまで約8ヵ月調査を行ってきました。すでに、数千年間にわたって川が流れ続けた結果できたらしい河床を見つけるなど、多くの素晴らしい発見を成し遂げています。そしてこのたび、またまた大きな発見をしました。

「キュリオシティ」が調べたのは、火星のゲイルク

火星探査車「キュリオシティ」

2013

河床の証拠となったのは角の丸くなった石ころの数々（口絵10）

「キュリオシティ」がドリルであけた穴

「キュリオシティ」はこんなところにいる！

レーターの中で、むかし川の流れがあったと見られる場所の下流域です。堆積岩にドリルで穴をあけ、サンプルを取り出しました。それをその場で分析した結果、地球の生命がエネルギー代謝に必要な、硫黄、窒素、水素、酸素、リン、炭素の6元素が含まれていることが明らかになったのです。

地球以外の天体に、このような環境のあったことが実証されたのは、初めてのこと。微生物そのものが見つかったわけではありませんが、もともと「キュリオシティ」の任務は、生命や生命の痕跡を発見することではなくて、微生物が存在できる環境を示す岩石などがどの程度あるかを調べることなので、今回の発見は大きな前進ですね。

「キュリオシティ」の分析によれば、採取したサンプルは20％ぐらいが粘土質で、それがあった地域は湖や湿地みたいな環境だったようです。そしてその土壌は弱アルカリ性から中性なので、微生物が存在することは可能でしょう。

NASAの担当者によれば、「当時の火星には水が豊富にあり、あなたがそこにいたとしたら、その水を飲んでも無害だっただろう」ということです。現在の火星表面を見ると、砂漠のような乾燥した地面が一面に広がっています。でも数十億年前には、火星は温暖で、大きな海に覆われており、地球に生命が誕生したころの気候と似ていたのでしょう。

地球の生命は約40億年前に海で生まれ、その後30億年以上もの間、海で進化し続けたことがわかっています。ただし、火星は地球よりも小さいし、太陽からも遠いので、冷えるのも早かったと考えられますね。だからもし火星に生命が誕生していても、海の中で光合成のできる生き物が生まれるだけの時間があったかどうかは定かではありません。

ともかく、「キュリオシティ」の次の大事なステップは、生命誕生のもとである有機化合物を見つけることです。そのミッション寿命はあと約1年半。楽しみにしていましょう。

2013年3月25日

ボイジャーに搭載したレコード盤
―― 宇宙人へのメッセージ

　ボイジャーは、2号が1977年8月20日、1号が同年9月5日に打ち上げられました。以後は別々の飛行を続けています。途中で2号を追い抜いた1号は、現在太陽からの距離は174億km。連絡するのに片道16時間もかかります。ついに太陽圏を脱出したと伝えられています。

　さてその2機のボイジャーには、実は金色のレコード盤が搭載されています。これには、地球が宇宙のどこにあるか、どんな生き物が住んでいるか、どんな言葉を話しているか、……などなど要するに地球の生物や文化を伝えるさまざまな画像や音が収められているのです。日本の尺八の曲（鶴の巣ごもり）も乗っているのですよ。

　何のためかって？　それは、いつの日かこのボイジャーを見つける地球外文明人がいれば、その人たちに私たちの星のことを理解してもらおうというわけです。

　今週は、文章を少な目にして、その画像をできるだけたくさん見てもらいましょう（下の2枚と次頁の6枚）。ボイジャーが太陽以外の星の近くに達するには、早くても4万年かかるんですが、それでも実に雄大で気持ちのいい試みだと思いませんか。

太陽系を脱出したボイジャーの飛行

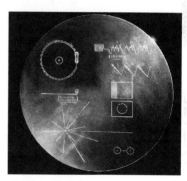

ボイジャーに搭載されているレコード盤
（口絵11）

地球

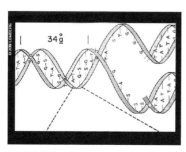

DNAの構造

19

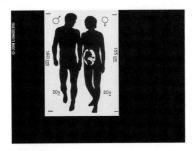
男女と胎児

地球上の生き物

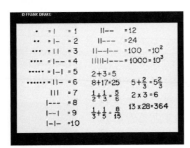
地球上での数の表現の仕方

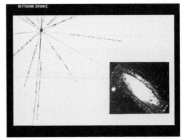
太陽の位置とアンドロメダ銀河の姿

学校の様子

インドの車の渋滞

2013年3月28日

人工衛星本体の色について

　人工衛星や探査機の本体はさまざまな色をしています。本体表面に貼ってあるのはMLI（多層断熱材）です。これは厚さ数百分の1ミリくらいの薄いフィルムを重ね合わせたもので、フィルム状の両面アルミ蒸着マイラー（ポリエステル）の間にプラスチックのネットを挟んで多層に重ねたものです。

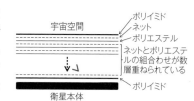

MLIの構造

　宇宙では熱が輻射で入ってきて、衛星・探査機内部に伝導で伝わっていきます。MLIの各層は、アルミ蒸着されているので、たとえ太陽からの熱が1枚目を通り抜けても、次の1枚が反射してくれます。多層にしておけば外部からの熱がどんどん弱まっていきます。間に挟んであるネットのおかげで、接触面積が小さくなるので、伝導も抑えられますね。

　ただしMLIのいちばん外側には、熱にも放射線にも強いポリイミド（蒸着カプトン）のフィルムが貼ってあります。これは黄色い半透明で、内側に蒸着されているアルミが透けて綺麗に光るのです。金色をしている衛星・探査機の場合は、これが原因です。

金色の「はやぶさ」（口絵12）

　衛星・探査機の熱設計では、積極的に吸熱や放熱をしたい場合もあります。そのときはOSRという、ガラス状の溶融シリカ（透明）に、アルミを蒸着したものを貼ります。OSRも太陽の光をよく反射しますが、MLIと違って、赤外領域の波長の輻射・吸収の率が高いので、内部の熱を外へ逃がすのに適しています。ラジエーターの役割ですね。これは銀色に見えます。非常に輻射の激しいところへ行くときはこれを使います。

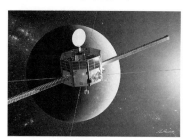

銀色の水星探査機MMO（口絵13）

　時には黒い色の衛星・探査機もありますね。たとえば火星探査機「のぞみ」のようにプラズマの観測を主体とする衛星・探査機は、衛星表面の帯電を非常に気にするので、導電性を高めるためにポリイミドにカーボンを混ぜてあるのです。

　ISS（国際宇宙ステーション）のロボットアームに貼ってあるような白いMLIもありますよ。原子状酸素

黒色の火星探査機「のぞみ」（口絵14）

2013

の濃度が高い低高度を飛んでいる衛星の場合は、いちばん外側がポリイミドだと、蒸発して溶けていくので、ベータクロスというガラス繊維を使って保護してあるのです。これが白く見えている理由です。

今度から気をつけて衛星の色を見てみましょうね。

白色のISSのロボットアーム（口絵15）

2013年4月4日

 ダークマターの謎に迫る

　正体不明の物質「ダークマター」について聞いたことがあるでしょう。銀河や銀河団の観測から、この宇宙には、私たちの観測にかからない物質が大量に存在していないと説明できない現象が明らかになってきたのです。これを「ダークマター」（暗黒物質）と呼んでいます。現在世界の科学者たちがその正体を暴こうと、懸命に努力しています。

　このダークマターは、始末が悪いことに、目には見えないし、電気的に中性でほとんどの物質をするりと通り抜けてしまうので、観測は非常に困難なのです。でも、137億年前に宇宙が生まれた直後に、ダークマターが周囲よりもわずかに多くあるところに、普通の物質が引き寄せられて、そこに銀河などが作られながら現在の宇宙の姿になったと考えられているのです。つまりダークマターは、宇宙の進化のカギを握っているので、これがなければ、私自身も存在できなかったことになるわけですね。

　ところがこのたび、欧米やアジアの国際研究チームが、ISS（国際宇宙ステーション）に搭載したAMS（アルファ磁気分光器）という機器によって、実際にダークマターの存在する痕跡を見つけたというのです。この国際チームが観測したのは、ダークマター同士が衝突して消滅するときに飛び出す陽電子（電子と同じ質量を持つがプラスの電気を帯びる）です。観測された陽電子の量

ISSに搭載したAMS（アルファ磁気分光器）

やエネルギー、その飛来する方向の分布などが、ダークマター由来のものであることを裏書きしているそうです。

　ただし、まだ他の可能性も捨てきれてはいません。これからさまざまな観測や実験が積み重ねられていくことでしょう。日本でも、岐阜県神岡の鉱山跡の検出器XMASS（エックスマス）もダークマター探しをしているし、ヨーロッパの巨大な加速器ではダークマターの候補となる素粒子を直接発生させようとしています。

神岡の宇宙素粒子研究施設（XMASS）

　さらに、宇宙の加速膨張の原因とされる「ダークエネルギー」というさらに深い謎もあります。何しろ私たちの知っている物質はわずか4％で、ダークマターが23％、ダークエネルギーが73％もあるというのですから驚きですね。21世紀は、人類がこのような宇宙物理学のワクワクするような大問題に挑戦する時代です。みなさんもその一翼を担ってくださいね。

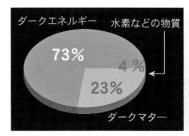

宇宙の構成要素の割合

2013年4月11日

畏友、前田行雄くんの逝去を悲しむ

　前田行雄くんが、「来年の桜は観られないらしい」とのメールをくれたのは、4年ちょっと前の12月だった。末期癌と診断されたという。目が飛び出るほど驚いた。彼は40年以上も前に宇宙科学研究所に就職してきて、長い間一緒に働いた。

　実は前田くんが研究所に来る前に、私の1歳下の佐伯信吾というエンジニアがいた。佐伯くんは、松尾弘毅さんの片腕として、実によく働いた。まだ決して速いとは言い難いコンピューターに張り付いて、徹夜徹夜でオロナミンCみたいな栄養剤を飲みながら頑張っていた姿が思い出される。

　私が大学院生として宇宙科学研究所に来たときには、佐伯くんはすでに糸川研究室にいた。1歳年下。テニスを初めて一緒にやったとき、佐伯くんの運動センスが実にいいのに気づき、「これは一緒に外の試合にだって出

前田行雄くん

2013

「すいせい」の打ち上げオペレーションで
（中央が前田くん）

られるな」と思い、結構しごいた。

　ある日、テニスの後で、「的川さん、バドミントンをしましょうか」と言う。テニスでしごかれたから、バドミントンで仇をとろうというのか。どっこい、テニスをする人間は、バドミントンだって、いい線いくんだぞ、と心の中で思いながら、バドミントンの相手をすることを承知した。それがまずかった。シャトルコックを手にとって佐伯くんの方へ送った直後、一発目に飛んできたシャトルコックは、私の鼻を直撃した。見えないほど速い一撃──聞けば佐伯くんは、バドミントンの国体選手だった。懐かしい思い出。

　それから数年が過ぎ、夕方のテニスコートで佐伯くんと相撲をとった。いい気持で別れた2日後、彼は亡き人になっていた。紫斑病。血液の癌は、若い体を猛烈な勢いで食い物にしてしまった。呆然と立ちすくんだ。

　その後継としてやって来た前田くんは、速くなったコンピューターの世代だ。これまた軌道計算で大活躍した。佐伯くんが生きていればやってたであろう仕事を、前田くんが懸命に引き継いで頑張った。そして科学衛星打ち上げ用のM（ミュー）ロケットは、誘導制御を備えたものに成長していった。

　内之浦発射場のコントロールセンターにあって、発射直後の飛翔保安オペレーションが終わると、目標の軌道に衛星を投入する誘導オペレーションが開始される。ここからが前田行雄くんの出番である。ここにおける前田くんの対応は冷静沈着にして適切極まりなく、見事と言うほかなかった。

　20機近い科学衛星が、前田くんのこのオペレーションに導かれて軌道に投入された。時には本当に何の問題もなく軌道に達する衛星もあるが、大抵はどの衛星でも、誘導の作業の過程で何らかの複雑な状況に陥る。そんな場合、前田くんは、周りがどんなに騒いでいても、本来の定められた自分の任務を、あくまで粛々と筋書き通りにこなしていくのである。

　いつか衛星が軌道に入ることに成功した後、満足の握手を交わした後に、例によって「最初の握手」を彼とした後、「今日のオペレーションはきつかったな。前田く

んはなんであんなに淡々とやれるんだ?」と訊いたことがある。彼は答えた。「僕にやれることはそれぐらいですから」と短く。恐れ入りました。

　1985年1月。ハレー彗星の試験探査機「さきがけ」打ち上げ。固体推進剤ロケットによる世界初の地球重力脱出。日本にとっては初の惑星間ミッション。新規ロケットの開発、初の惑星間探査機の開発、臼田の大型アンテナの開発、膨大な惑星間飛行のためのソフトウェアの開発 —— 過去5年間の目の回るような忙しさ。4段目キックモーターに火がつき、やがて内之浦の視界から「さきがけ」が消えて、コントロールセンターの任務は終わった。いつもこの瞬間に前田くんのすぐそばにいる私が握手を求めた。「ごくろうさん」—— 初めて前田くんの涙を見た瞬間だった。嬉しい嬉しい涙。その夏には、「すいせい」のオペレーション。

　そのM-3SⅡロケットの8号機は、その「さきがけ」の打ち上げのちょうど10年後、1995年1月、ドイツとの共同ミッション"EXPRESS"を軌道に送った。いや正確には軌道に送ろうとした。M-3SⅡロケットによる最後の仕事だった。EXPRESSはこのロケットが乗せた最も重いペイロードだった。経験のない振動に遭遇した。制御に狂いが生じ、必死の誘導オペレーションにもかかわらず、わずかに速度が足りなくなり、あえ無いことになった。正確には一応は暫定的な軌道には投入されたことが後にわかったのだが……。

　前田くんは最後まで懸命に奮闘した。レーダーセンター、テレメーターセンター、……各センターから指令電話で寄せられる多くのデータを、快刀乱麻にさばきながら、最後に前田くんが発した言葉は、「ああ、駄目だったか」だった。大きな溜息を伴った絶望的な声。この直後、「最初の握手」ができないまま、私は前田くんの2度目の涙を見た。そして2000年。M-Vロケット4号機の蹉跌。前田くんはなぜかこのときは涙を見せなかった。

　ある年、スポーツに全く縁がないと思われていた前田くんがテニスを始めたのにはびっくりした。随分と腕を上げた。フォームや体の動きを見れば、運動神経のレベ

ルはわかる。決して前田くんは運動神経抜群の男ではない。しかしテニスもゴルフも一生懸命に努力して、メキメキと上達した。執念は実った。脱帽である。酒も飲まない。歌も歌わない。なのに、そんな前田くんが、私は大好きだった。

　結婚前、奥さんの久仁子さんとのデートの話をよく聞かされた。面白い話がいっぱいある。次々と思い出されて、もう、私の目は何か水みたいなものが邪魔して、よく見えなくなってきた。一人の天文少年が、立派な仕事をして、その生涯を終えた。私の大事な友の一人が、あれから4度、桜を見て、この世を後にした。合掌。

2013年4月19日

宇宙が膨張しているわけ——ハッブルの大発見の根拠

　今では、「宇宙が膨張している」ということを、ほとんどの人が聞いたことがあるでしょう。今日は、その事実が何を根拠に発見されたのかをお話しましょう。発見したのは、アメリカの天文学者エドウィン・ハッブル。

　彼は、カリフォルニア州にあるウィルソン山にある大きな望遠鏡を使って、4年間をかけて、私たちの近くにある18個の銀河を観測しました。その結果、1928年、銀河までの距離とそれらが私たちの銀河系から遠ざかるスピードには、明らかな相関関係のあることを見つけたのです。

　次頁上が、ハッブルの発表したデータです。要するに、すべての銀河は私たちから遠ざかっており、遠い銀河ほど速く遠ざかっています。その距離が遠ざかる速さに比例しているのです。そしてこの事実は、その後に世界中の天文学者の行った数々のデータによって、完膚なきまでに証明されました。これが「ハッブルの法則」と呼ばれているもので、この事実こそ、宇宙が膨張している証拠だというのです。ではどうしてこれが宇宙膨張の証拠なのでしょうか？

　ここで想像上の実験をしてみましょう。まず10 cm

エドウィン・ハッブル

くらいのゴムひもを想像してください。ゴムひもには、端（X）から1cmおきにA、B、C、…とマークが付けられているとします。端Xを左手の指でつまんで固定しながら、右手の指でもう一方の端を持って、グイッとゴムひもを2倍に伸ばしたとします。

伸ばす前は端Xから1cm、2cm、3cm、…にあったA、B、C、…が、伸ばした後は端からそれぞれ2cm、4cm、6cm、…のところに移動していることがわかるでしょう。ゴムひもを伸ばす同じ時間の間に、A、B、C、…はそれぞれが1cm、2cm、3cm、…ずつ移動していることになりますね。つまり、「遠い点ほど速く遠ざかっている」ではありませんか。

この想像実験をまとめたのが左図ですが、現実の3次元の宇宙空間でも、ゴムひもと同じ現象が起こっているのです。ゴムひもを宇宙空間、その上に付けたマークを銀河と考えれば、宇宙が膨張していることがわかっていただけたでしょう。

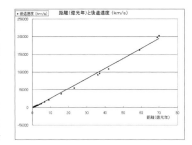

1928年のハッブルのデータ

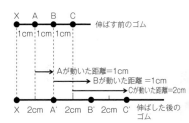

ゴムひもの想像実験

2013年4月28日

民間ロケット「アンタレース」発進
——近未来にISSへ資材を運ぶ

さる4月17日夜（アメリカ東部時間）、アメリカ・バージニア州の中部大西洋発射場から、オービタル・サイエンス社が開発した「アンタレース」ロケットが発射されました。アンタレースは、近い将来、同社の開発した「シグナス」宇宙船を国際宇宙ステーション（ISS）へ運ぶ使命を持つロケットです。

以前「トーラス2」と呼ばれていたアンタレースは、2段式液体燃料ロケットで、ケロシン（RP-1）を燃料とし、酸化剤に液体酸素を使っています。ロケットの全長は約40m、打ち上げ時重量は240トン。シグナスとともにアンタレースの概念図を示します。

無人のシグナスは、ISSへ2.7トンの貨物を届けることができます。シグナスの最前方はサービスモジュール

発射台上のアンタレースロケット

2013

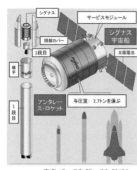

アンタレスとシグナス概念図

ISS に近づくシグナス

と呼ばれ、アビオニクスや電源、通信・制御・指令などに関連するハードウェアが積まれている与圧室です。

サービスモジュールの外側には固定翼の太陽電池（ガリウム・ヒ素）が左右についており、3.5キロワットの電力を提供できます。将来のシグナスは、本体がもっと大きくなり、太陽電池パネルももっと軽量のものになる予定です。

アンタレースがシグナスで貨物をISSに運搬することに成功したら、アメリカは、先ごろISSに「ドラゴン」運搬船で貨物を運び無事地球に帰還したスペースX社の「ファルコン」ロケットと並んで、民間企業の力でISSへ資材を運ぶ2機のロケットと運搬船を保有することになります。これはNASA（米国航空宇宙局）が5年前に描いた戦略です。

宇宙開発は、国家が巨大な規模を投じて行う活動から、民間の力で開拓される新しい時代が開かれようとしています。やがて、この2社のロケットは、近い将来、人間を宇宙へ運ぶ能力を持つことになるでしょう。民間企業がこのように本格的に有人宇宙輸送に参入すれば、プロの宇宙飛行士でなくても、普通の人々が宇宙旅行をする時代も近いのかもしれませんね。そんな時代は、現在の小学生のみなさんが主人公となって招き寄せてほしいものです。

2013年5月4日

宇宙望遠鏡ハーシェル、ミッション終了
――搭載のヘリウムを使い切る

ヨーロッパ宇宙機関（ESA）が2009年にアリアンロケットで地球周回軌道へ打ち上げた赤外線望遠鏡「ハーシェル」が、1440日にわたるミッションを終えました。科学観測に用いられた時間は、実に2万2000時間です。

ハーシェル望遠鏡は、直径3.5mの史上最も強力な赤外線望遠鏡で、1800年に太陽観測の最中に赤外線放

射を発見したイギリスの天文学者ウィリアム・ハーシェル（1792-1871）に因んで命名されました。

　星が生まれつつある様子などは、濃いガスやダスト（塵）に囲まれているため、可視光線で見ることができません。ところが赤外線はガスやダストを突き抜けてその姿を見せてくれるので、科学者たちに貴重なデータを提供してくれます。ハーシェルは特に、遠赤外線とサブミリ波に敏感な機器を載せていました。赤外線と言えば、日本でも最近まで、「あかり」という赤外線天文衛星が活躍しましたね。

　ヨーロッパが満を持して軌道へ送った赤外線望遠鏡ハーシェルは、期待通り素晴らしい観測を成し遂げました。ハーシェルがもたらしたデータは、まさに膨大なもので、まだそのほんの一部しか研究に供されていません。これから長期にわたって科学者たちの解析が続けられていきます。

　ハーシェルがいたのは、太陽と地球の引力と遠心力が釣り合っているラグランジュ点と呼ばれる点の1つ（L2）の近くで、太陽から見て地球の裏側150万kmのところにあります。この点の近くにいると、常に地球の陰になっており、太陽の光がさえぎられるので、観測には非常に都合がいいのですね。とは言っても、機器を極低温に冷やすためのヘリウムは徐々に蒸発していきます。そして、ヘリウムを最後の一滴まで使い切り、4年前の打ち上げ時に予想された寿命を全うして、このたび終焉を迎えたものです。

　ESAは、今後の展望としては、日本が2020年代の初頭に打ち上げることを検討している「スピカ」という大型赤外線天文衛星の計画に参画することを望んでいます。

ハーシェル赤外線望遠鏡

ウィリアム・ハーシェル

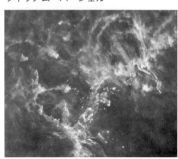

ハーシェル宇宙望遠鏡が遠赤外線でとらえたたわし星雲（口絵9も参照）

太陽・地球のラグランジュ点（L1〜L5）

ラグランジュ点

2013

2013年5月11日

故障に悩むケプラー宇宙望遠鏡
――太陽系外惑星の発見に実績

ケプラー宇宙望遠鏡

「はやぶさ」に搭載したリアクションホイール

　私たちの太陽系の外にある惑星を次々に発見して世界から熱い注目を浴びてきたNASA（アメリカ航空宇宙局）の「ケプラー宇宙望遠鏡」。その姿勢制御をつかさどるリアクションホイールの故障で、ミッションの存続が危ぶまれています。

　ケプラー望遠鏡で他の恒星のまわりを回っている惑星を見つけるには、恒星の手前を通り過ぎる惑星が恒星をわずかに隠すことで生じる光の微妙な変化をとらえます。非常に正確なポインティング（指向性）が求められるのですね。その中心的な役割を担うのがこのリアクション・ホイールです。

　リアクション・ホイールとは、一言で言えば、みなさんが遊びに使っているコマ（独楽）です。このコマの回転数を変えることによって、衛星の姿勢（体の向き）を回転させ、望遠鏡を正確に目標の星に向けるのです。コマは衛星のX軸、Y軸、Z軸の3つの軸に沿って1つずつ必要ですが、ケプラーは、予備としてもう1つ（合計4つ）装備していました。

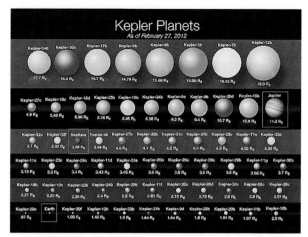

ケプラー衛星が発見した惑星群と地球・木星・海王星の比較（REは地球半径）

ところが、このコマのうちの1つが昨年の7月に壊れ、残りの3つを使って何とか太陽系外惑星の発見を続けていたのですが、さる5月のはじめ、2つ目のコマが不調に陥ってしまったのです。残っている2つのコマだけでは、望遠鏡を望む方向へ向けることは困難です。NASAの発表によれば、回るコマのベアリング（軸受）が機械的に壊れているそうです。コマ以外にケプラーはガスジェットによって姿勢の安定を保つシステムも持っていますし、そのガスジェットのための燃料はまだ残ってはいるのですが、要求されるポインティングの精度が非常に高いために、ガスジェットだけではその精度が達成できないのです。

　この衛星は4年前に打ち上げられ、すでに3年半にわたる「主ミッション」は終え、現在は1年に20億円くらいかかる「延長ミッション」に入っています。これまでケプラーによる発見が確証された新惑星は132個もあり、これから確証が期待される惑星が2740個もあります。そのいくつかは、生命の存在が可能な「ハビタブルゾーン」にあります。チームは、コマを修復すべくまだいろいろと試みるつもりのようなので、期待しましょう。

2013年5月18日

最も活発な時期を迎えている太陽

　ご存知のとおり、太陽は約11年の周期で、活動が活発になったり衰えたりします。極大期には太陽表面で黒点の数が増えます。今がちょうど太陽の極大期にあたっており、今年になって地球の直径の10倍もの幅がある巨大な黒点群が観測されています。

　その活発さを象徴するように、太陽表面の大爆発（フレア）が、日本時間のさる5月13日から15日にかけて立て続けに起こりました。このような大規模な太陽フレアが発生すると、同時に強烈なエックス線や紫外線が太陽から吐き出されます。すると地球を取り巻く電離圏

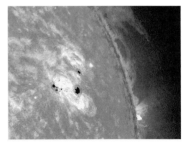

NASAが観測した巨大な黒点群（口絵16）

2013

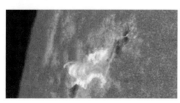

日本の「ひので」がとらえた太陽フレア（口絵17）

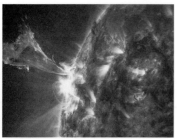

SDO衛星がとらえた太陽フレアに伴った巨大な質量放出（2012年5月）（口絵18）

巨大オーロラ（2013年3月、カナダ・イエローナイフ）（口絵19）

が乱されて、地球上の私たちも大きな影響を受けるのです。

　たとえば通信衛星や放送衛星が故障したり、GPSの誤差が大きくなったり、短波通信に障害が起きたり、磁気嵐によって送電線に影響が出たりするのです。今回も、短波通信に障害の出る「デリンジャー現象」が日本の各地（東京、沖縄、北海道）で観測されています。

　太陽フレアに伴って大量の質量放出（CME）が起きるため、太陽から放出された高速のプラズマが地球の磁場に衝突して、大規模なオーロラを出現させます。ふつうはアラスカ、フィンランドなどの高緯度地帯でしか起きないオーロラが、日本などでも観測されたりします。事実今年に入って、北海道で赤いオーロラが数回見られました。

　意外なことに、渡り鳥は地磁気を参考にしながら飛んでいくという説があります。これが確かなら、太陽活動によって地球の磁場が乱されると、渡り鳥にとっても困った事態になってしまいますね。

　太陽フレアの激しさは、放出されるX線の強さによって、A、B、C、M、Xの5段階に分類されますが、今回4回連続で起きた爆発は、いずれも最も激しいXクラスでした。Xクラスのフレアは昨年の1年間に7回起きていますが、今回は48時間のうちに4回も発生しました。

　こうした太陽活動は、いくつかのGOES衛星シリーズ（米）、SDO衛星（米）、日本の「ひので」衛星などがとらえています。この激しい活動はまだまだ続くので、船外活動を行う宇宙飛行士も、私たち地上にいる人間たちも、要注意です。

2013年5月25日

 ## グリニッジ標準時とは？

　真昼というのは、太陽が一番高いところにいるころですね。ところが地球が自転していると、地球上の位置に

よって真昼の時刻が異なってきますね。すると、世界の場所により時刻を変えていかなければならなくなります。地球がちょうど1日で1回自転するから、1日を24時間に決めると、24時間で360度回るわけだから、地球上で経度が15度異なると1時間違えばいいということになりますね。

　地球上のある地点の位置を表すのに、緯度と経度が使われていますが、緯度の方は赤道を基準にして南北それぞれに90度まで測ればいいけれど、経度の方はどこを起点として測るかを約束しなければなりません。経度は、東経が0度から180度まで、西経が0度から180度まで、合わせて360度あるわけです。日本の標準時は兵庫県の明石における時刻を基準にしています。明石は東経135度です。さて、経度の0度というのはどこでしょうか。それがイギリスのグリニッジなのです。なぜグリニッジが経度の起点に選ばれたのか？

　今からちょうど250年前（1763年）、イギリスの天文学者ネヴィル・マスケリンが船員向けのガイドブック『英国航海者ガイド』を出版しました。そのころは、航海をするときに現在位置を知るための海図に使われている経度は、フランスとかスペインとか各国が自分勝手に決めていました。ところが、マスケリンの上記の『ガイド』と続いて出版した『航海年鑑と天体暦』が、非常によく整備され、現在地の時刻と、月と太陽（または別の天体）の位置から、面倒な計算をしなくてもただちに経度がわかるように工夫されていたのです。

　あの有名な"キャプテン・クック"ことジェームズ・クックも、マスケリンの本を便利に使いました。こうしてイギリスだけでなくすべての航海者が使うようになっ

ネヴィル・マスケリン（1732-1811）

テームズ河畔のグリニッジ天文台

グリニッジ天文台にある時計

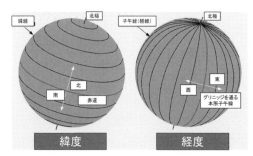

緯度・経度の定義

た結果、このマスケリンの採用した経度の基準が世界の基準になったのです。

　そして1884年に開かれた国際子午線会議で、イギリスのグリニッジ王立天文台を地球の経度の基点とすることが正式に決定され、グリニッジの時刻が国際標準時に採用されたのです。

2013年6月1日

宇宙ホテルの構想

清水建設の宇宙ホテル構想

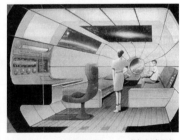

宇宙ホテルの客室モジュール（清水建設）

パブリックスペース（清水建設）

　宇宙飛行士としての厳しい訓練を経なくても宇宙旅行ができる時代が、近づいてきています。完全再使用型の輸送機が宇宙と地球の間を自由に往復するようになれば、宇宙旅行への夢が実現し、宇宙旅行を斡旋する会社もできてくるでしょう。修学旅行で宇宙へ行くなんてことを想像すると、楽しくなりますね。

　宇宙へ行って数日滞在するためには「宿泊先」が必要ですね。そんな構想がもう1990年代から考えられていたのです。たとえば日本の清水建設も「宇宙ホテル」の構想を打ち出しました。

　清水建設の宇宙ホテルは、太陽電池とバッテリーのエネルギーサプライ、直径140mのリング上に配置された客室モジュール、パブリックエリア、輸送機が離発着するプラットフォームの4つの部分からできており、全長は240mもあります。ここに滞在した「お客さん」は、客室やパブリックエリアで、地球・大気・雲の織りなす美しい故郷の景色を満喫し、天体観測をし、さらに無重力空間でのスポーツや食事、地球との交信などを楽しみます。リングは1分間に3回転し0.7Gの人工重力を作り、地球上と同じように寛げます。

　最近になって、ロシアの「オービット・テクノロジー」という会社も、高度約350kmの宇宙から地球を見下ろせるホテルの建設計画を発表しました。ソユーズロケットで打ち上げられ、2日後にホテルに到着します。宿泊費は、交通費と5日間の滞在費を合わせて約7600

万円だそうです。無重力の宇宙なので、ベッドは垂直型と水平型のどちらかを選びます。シャワーもあるらしいですよ。

　アメリカのホテル王ロバート・ビゲローさんは、世界初の民間宇宙ステーションを建設する計画を言い出したことで有名ですが、彼は、圧縮した状態で打ち上げ、宇宙空間で風船のように膨らませる方式の宇宙ホテルの研究を、民間の力で開始しています。ビゲローさんが経営している地上のホテルチェーンと同様、ごく普通の旅行者が利用しやすい手ごろな料金設定をめざしています。

　早くこのような夢の計画が実現するといいですね。

ロシアの宇宙ホテル構想

ビゲロー・エアロスペース社の宇宙ホテル構想

2013年6月13日

中国が神舟10号打ち上げ

　さる6月11日午後5時38分（日本時間同6時38分）、中国北西部の酒泉衛星発射センターから長征2Fロケットが打ち上げられ、有人宇宙船「神舟10号」が軌道に乗りました。楊利偉（ヤン・リーウェイ）宇宙飛行士による中国初の有人宇宙飛行からは10年目。過去4回の飛行はすべて実験的飛行であり、当局は、今回の神舟10号を中国初めての「応用的飛行」と呼んでいます。

　神舟10号には、中国2人目の女性飛行士（壬亜平）と2人の男性飛行士（張暁光と聶海勝）の計3人が搭乗しています。軌道に乗った翌日の6月12日が端午の節句だったので、この日の午後には、3人は船内でちまきを食べて節句を祝い、宇宙から端午の祝福を送りました。

　13日、「神舟10号」は宇宙ステーション実験機「天宮1号」との自動ドッキングに成功し、飛行士たちは

神舟10号打ち上げ

神舟10号に乗り込む3人の飛行士

2013

端午の節句を祝う飛行士とメッセージ

ドッキング通路を通って天宮1号に入り、物資を届けました。天宮1号が打ち上げられた2001年9月以後、神舟とのドッキング成功は、これで5回目です。

ドッキングはもう一度手動で行うことが計画されています。もちろん手動の方が難しい技術ですが、これはすでに1年前の神舟9号で成功しています。今回の主要な任務は、宇宙機技術や宇宙医学などに関する30項目に及ぶ実験ですが、特に王亜平飛行士は、中国の有人飛行としては初めて、軌道上から小中学生に向けて微小重力下での体の動きや物理実験の様子を伝える「宇宙授業」を40分間にわたって実施することになっています。

いずれにしろ中国は、独自の力で有人宇宙飛行を実行することのできる米ロに次ぐ第三の国として、着実に技術を蓄積していますね。ただし、アメリカは2001年にスペースシャトルを退役させ、現在では宇宙へ人間を送る手段を持っていませんが、地球周回の有人飛行を今後は民間ベースで行う方針を打ち出し、その準備を着々と進めているところです。

え？　日本は？　日本の宇宙技術者たちは、やりたくてウズウズしていますが、何せ国としては予算が計上されていませんからねえ……。

2013年6月27日

七夕の星を見ようね

はくちょう座とデネブ

七夕が近づいてきました。みなさんの住んでいるところからは、天の川があまり見えないかも知れませんね。宮澤賢治の『銀河鉄道の夜』では、二人の少年がその天の川を旅していきます。当時の花巻の夜空は、きっと素敵な眺めだったのでしょう。

『銀河鉄道の夜』は、北の十字架から始まって南の十字架で終わっています。まず列車は「北十字」と呼ばれる「白鳥の停車場」に着きます。「はくちょう座」は、天の川にどっぷりと浸かっていて、大きく翼を広げて北から南へ豪快に飛んでいる白鳥の姿。ギリシャ神話では

大神ゼウスがスパルタ王妃レダに接近するために化けたとされています。この十字架の中でひときわ輝いているのが尻尾のところにある1等星「デネブ」です。1400光年以上も離れているのに、ずいぶん明るいですね。

列車が次に着くのは「鷲の停車場」です。その「わし座」の中でいちばん明るいのが「アルタイル」。1等星です。これは七夕の主人公の一人である牽牛星ですね。ギリシャ神話ではやはり美少年ガニュメーデをさらっていくゼウスの化身です。アルタイルは私たちから17光年しか離れていません。近いですね。

デネブ、アルタイルとともに大きな三角形（夏の大三角）を作っているのが、「こと座」のベガ。夏の夜空で最も明るい1等星です。これも25光年だから比較的近いですね。ギリシャ神話ではオルフェウスの竪琴。七夕のもう一人の主人公である織女星です。

牽牛星と織女星とは天の川を挟んでいるので、なかなか会えませんが、これが1年に1回だけ、七夕の夜に会うという伝説になっているのですね。私は小さいころから、「二人はどこで会うのかな？」と考えていましたが、あるときその2つの星の真ん中あたりにある「はくちょう座」で2番目に明るい星アルビレオを望遠鏡でのぞいて、その美しさに息をのみました。二重星です。賢治が「ルビーとサファイア」と書いているこの星がきっと二人の出会っている姿に違いないと、幼い頭で想像していたのを思い出します。

7月7日でもいいし、旧暦の七夕（8月初め）でもいいから、夏の夜空をゆっくりと眺めて時間を過ごすのもいいですね。『銀河鉄道の夜』を片手に持ってね。

わし座

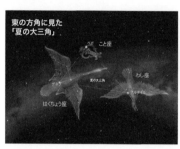

こと座のベガと夏の大三角

はくちょう座のアルビレオ

2013年9月23日

土星の極に巨大な六角形――カッシーニの観測

　カッシーニは、1997年にアメリカのフロリダから打ち上げられた土星探査機です。この探査には、アメリカとヨーロッパの科学者約260人が参加しています。土

2013

土星と探査機カッシーニ

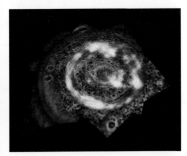

土星のオーロラ（口絵20）

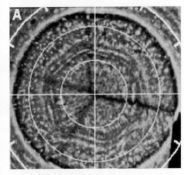

ボイジャーが1980年に見つけた土星北極の六角形

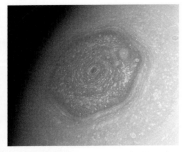

土星の北極を覆う六角形の雲（口絵21）

星周回軌道に到達して以来、カッシーニは土星やその衛星について素晴らしい観測データを届けてくれています。今日はその中から、土星の極地方の観測に注目してみましょう。

カッシーニは、土星の北極付近に出現したオーロラもとらえました。オーロラ（口絵20の青いところ）が、土星の北極地方を広い範囲にわたって照らしているのがわかりますね。地球の極域で見られるオーロラと同じように、土星のオーロラも土星周辺の電気を帯びた粒子の流れが、土星の磁場に沿って土星の極近くに殺到し、土星の大気と衝突して激しく光を放っているものでしょう。土星の大きさを考えると、このオーロラはものすごく大規模なものであることが想像されます。どんどん形を変えながら、消えては光り、消えては光りながら、約45分間も観測されたそうです。

そのオーロラが囲んでいる領域をよく見ると、何だか奇妙な形が見えますね。そう、六角形！　この六角形を初めて見つけたのは1980年に土星のそばを通過した探査機ボイジャーですが、カッシーニは、この巨大な六角形の雲をくっきりととらえました。大きさは直径約2万5000km。地球2個分ですね。カッシーニが撮った別の画像には、さまざまな大きさの渦巻きが見えていますね。土星の北極に荒れ狂うジェット気流によって生じ、互いに押し合い圧し合いしている嵐の姿です。

小さい渦でも、地球上の台風の5倍もの大きさで、台風の何倍もの速さで移動しています。地球の場合は、海面から湿った空気が上昇して凝縮することによって台風やハリケーンが活動しますが、土星には液体の水が大量には存在しないことを考慮すると、この謎に満ちた獰猛な「サイクロン」は、アンモニアが満ちている土星大気の、カッシーニがのぞくことのできない深いところで、雷から熱を供給されているのではないかという説が提出されています。カッシーニは以前に南極にも同じように荒れ狂う渦を発見しています。

太陽系には、不思議なことがいっぱいありますね。

土星北極の大小さまざまな渦（口絵22）

2013年11月14日

若田光一さん、4度目の宇宙へ

　さる11月7日午後1時14分（日本時間）、カザフスタンのバイコヌール宇宙基地から、若田光一さんら3人の宇宙飛行士を乗せたソユーズロケットが飛び立ちました。ロケットは順調に上昇し、9分後には地球周回軌道に入り、約6時間後に高度400kmの国際宇宙ステーション（ISS）にドッキングし、飛行士たちはハッチをくぐってISSの6人の仲間と合流しました。これで一時的にISS滞在者は9人になりました。

　今回のソユーズでは、来年初めのソチ冬季五輪の聖火（トーチ）が運ばれたことが人々の話題になっています。今回のソユーズで3人が運んだトーチを、待ち受けている飛行士のうちの2人が受け取って船外活動を行い、さらにそれを3人の飛行士が持って地上へ帰還するという、独特の「聖火リレー」が行われたのです。

若田さんを乗せたソユーズの打ち上げ

　若田さんは、今回の188日間の宇宙長期滞在のうち後半の30日間は、そのときISSに一緒に滞在している他の5人の飛行士を率いるコマンダー（船長）を務めます。若田さんより前にISSで船長を務めた飛行士は32人いますが、そのうち36人はアメリカ人とロシア人で、後はベルギー人とカナダ人が一人ずつ。だから当然若田さんはアジア人として初のISSの船長ということになります。

　これまでの日本の宇宙活動の蓄積と世界への貢献が背

上昇を続けるソユーズ

2013

ソユーズに運ばれるトーチ

景にあるとはいえ、若田さん個人としての技術、資質、人柄などが「船長として世界の飛行士を指揮するにふさわしい」と総合的に評価を受けた結果であり、日本人の私たちとしては嬉しい限りですね。

ISSの船長は、地上の責任者であるフライト・ディレクターと連絡・調整をしながらISSの仕事全般を指揮し、クルー一人ひとりの健康状態に常に気を配り、火災、デブリや有毒物質発生などの緊急事態に際しては飛行士の生命に責任を負う、非常に重い任務です。地球を取り巻く宇宙空間には、10cm以上のデブリが2万個以上も飛んでいるそうですから、ISSへの衝突の危険は常にあるのです。

また若田さんは、飛行士としても、高性能（4K）のカメラでアイソン彗星の撮影をしたり、無重力でのメダカの生態を調べたり、日本とベトナムが共同開発した超小型衛星の放出をするなど、数々の仕事をこなします。

誇らしい仕事を遂行する若田さんの半年間を、期待をもって見守ることにしましょう。

2013年12月3日

アイソン彗星が壊れた！──太陽最接近のとき

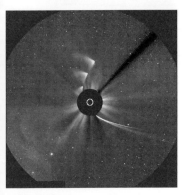

太陽接近前後のアイソン彗星（口絵23）

さる11月29日、待ちに待ったアイソン彗星が太陽に最も近づきました。接近距離は約120万km。太陽の直径くらいの距離です。現在宇宙に配置されているほとんどの衛星・探査機がアイソン彗星を狙って観測していました。その数、実に19機！

特に太陽の観測を専門にしているSOHO、STEREO、SDOなどの衛星は、太陽の光を隠して彗星をとらえる仕組みを備えているので、最接近のときには便利です。SDO衛星が太陽接近中のアイソン彗星を見失ったため、NASA（アメリカ航空宇宙局）が「彗星は消滅した」と発表しましたが、その後SOHOとSTEREOが、太陽通過後の彗星をとらえたため、アイソン彗星が太陽接近によって消滅せず、潮汐力と熱によって崩壊し、一

部の破片は生き残っているらしいと判明しました。
　ハッブル宇宙望遠鏡やハワイのすばる望遠鏡、水星を周回している探査機メッセンジャーなどを含め、これまで世界中から続々と観測画像が報告されていましたし、国際宇宙ステーションに滞在している若田光一飛行士も高感度カメラによる画像を送ってきており、12月に入ると、地上から最も観測しやすい時期を迎えるはずだっただけに、今回の崩壊で見え方がどうなるか、予断を許さない状況になりました。
　当初予想されていたように、12月5日から中旬にかけて、日の出前の東の空で高度がだんだん高くなっていき、へびつかい座からへび座に移動していくときに、光の弱いダストの尾が双眼鏡か望遠鏡で確認できるかも知れないとも言われています。
　この彗星は、ベラルーシとロシアの天文学者によって2012年に発見された彗星で、太陽系のいちばん外側にあると言われる彗星の巣（オールトの雲）からやってきたもの。人類が初めて目にする彗星です。彗星の本体は、水の氷や凍ったガス、岩石・塵（ダスト）でできている巨大な雪だるまみたいなものです。初めて母なる太陽と面会できたのに、それで崩壊してしまうなんて、何だか哀れな気もしますね。
　でもいずれにしろ、これまでにさまざまな手段で観測したアイソン彗星のデータは、彗星の科学や太陽系の始まりのころの様子を探るうえで貴重な示唆を与えてくれるものです。見えたらラッキーと考えて、今後のアイソン彗星の運命を見守ることにしましょう。

アイソン彗星（2013年10月8日、マウントレモン・スカイセンター）

若田飛行士が高感度カメラでとらえたアイソン彗星

アイソン彗星の見え方

2013

2013年12月10日

中国が月着陸機を打ち上げ

「嫦娥3号」を搭載した長征3Bロケットの打ち上げ

テスト中の「嫦娥3号」

中国の月面ローバー「玉兎」（想像図）

　さる12月2日、中国が四川省の西昌衛星発射センターから、長征3Bロケットを打ち上げました。搭載しているのは月探査機「嫦娥3号」。今回は初めて月面軟着陸を狙っています。軟着陸に成功すると、アメリカ、旧ソ連に次いで3番目になります。

　月に到達するのは12月半ばになる予定で、嫦娥3号は、まずは月を周回しながら地形を調査し、安全に着陸できる場所を探します。一応の目的地として「虹の入江」と呼ばれるクレーターが挙げられています。

　軟着陸すると、ランダー（着陸機）から「玉兎」と命名されているローバー（探査車）が出され、3ヵ月にわたって月の表面を動きながら月面を調べます。玉兎は6輪駆動のローバーで、4台のカメラ、2本のロボットアームを備えており、月面を掘削することもできます。「嫦娥」というのが中国の伝説に出てくる月の仙女なので、そのペットである白ウサギの名（玉兎）がつけられたものです。

　中国は将来人間を月面に着陸させることをめざしているとも言われていますが、今回めざしているのは、未来のエネルギー源と期待されている核融合発電の燃料であるヘリウム3や、レアメタルなどの資源の調査とされていますが、これらはいずれもそれほど簡単なことではなく、とりあえずは技術的なテストが主となると思われます。また搭載望遠鏡によって月からの天体観測も実施される予定です。

　中国が初めて月探査機「嫦娥1号」を打ち上げたのは2007年。2010年に「嫦娥2号」を打ち上げました。2号は月を周りながら月面の鮮明な立体写真を撮影し地球へ届けました。一方でインドは先般、火星探査機の打ち上げに成功しており、両国は競うように太陽系探査に意欲を見せています。

　日本の大型月探査機「かぐや」の大活躍は記憶に新しいところですが、太陽系の探査については、来年12月

の打ち上げをめざしている小惑星サンプルリターン機「はやぶさ2」や、再来年度に打ち上げを予定している水星探査機ベピコロンボ（ヨーロッパとの共同計画）の打ち上げなどの準備が急ピッチで進められており、金星探査機「あかつき」の周回軌道投入への再挑戦なども楽しみですね。

2014

2014年1月20日

「キュリオシティ」の成果──火星着陸から1年半

火星ローバー「キュリオシティ」(想像図)

太古の火星の川床の跡

火星の砂をすくい上げる「キュリオシティ」

　NASAの火星ローバー「キュリオシティ」が火星のゲイル・クレーターに降りてから約1年半が経ちました。その中から代表的な成果をまとめてみました。

【火星にはかつて生物が生きることのできる環境があったことを確認】
　ゲイル・クレーターに河川が流れ込んでいた痕跡を発見。このあたりに湖があったことを確認しました。その表層水と、数百メートル下を流れる地下水で微生物が生きることはできたらしい。この辺りが温暖湿潤で生息可能だった時期は、今から約35〜40億年も前。地球で生命が誕生した時期に近いようですね。

【むかしの川床の跡を発見】
　火星を周回している衛星との連携観測によって、キュリオシティは、ずっと昔の火星には、小川や水路、デルタ、湖があった証拠を見つけています。過去の火星には確かに水が存在し、ゲイル・クレーターにも流れていたのです。

【炭素系有機化合物を特定】
　キュリオシティの持つ火星サンプル分析装置は、6種類の有機化合物を特定しました。しかしどのようにしてそれらが火星上にできたかは、まだよくわかっていません。放射線が炭素化合物に与える影響が、有機物の特定を困難にしているのでしょう。生命の存在に重大なつながりのある炭素系有機化合物の調査には、しばらくは苦労するようです。

【自然放射線の量を測定】
　火星の大気は地球と比較して非常に薄いため、宇宙線や太陽からの放射線が大量に火星表面に降ってきます。これを直接受けると、生物が生きていくことは不可能です。キュリオシティの放射線検出器は、地表の放射線量を初めて詳しく測定しました。これが宇宙飛行士にとって重大な脅威になることは確実です。

【これからのキュリオシティ】
　現在キュリオシティは、ゲイル・クレーターの中心にある高さ5000mのシャープ山に向かって移動中です。最終目的地であるシャープ山に近づくにつれ、火星の有機物の調査が佳境に入ります。来年の成果が楽しみなキュリオシティですね。

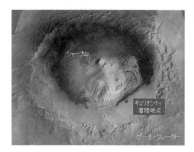
「キュリオシティ」の着陸地点とシャープ山

2014年1月27日

 ヨーロッパの探査機ロゼッタ目覚める

　2004年にESA（ヨーロッパ宇宙機関）が打ち上げた彗星探査機「ロゼッタ」が、さる1月20日、約3年にわたった「冬眠」から目覚めました。いよいよ今年末に人類初の彗星表面への着陸をめざして、チュリューモフ・ゲラシメンコ彗星に向かうロゼッタのラストスパートが開始されたのです。

　彗星は小惑星とともに、太陽系誕生の秘密を握る「太陽系のタイムカプセル」と言われています。どのように私たちの太陽系ができたのか、それはどこから来たのか、その謎に迫ります。そのためにロゼッタは地球を出発後、地球や火星をスウィングバイしながら、その速度やコースを調節してきました。

彗星着陸ミッション「ロゼッタ」

　ロゼッタはいくつかの「世界初」を目標にしています。これまでの彗星探査機はすべて、彗星のそばを通り過ぎながら観測するだけでしたが、ロゼッタは彗星のまわりをぐるぐる周回しながら徹底的に観測します。そして数kmと考えられる彗星の核（本体）に初めて着陸するのです。

　そしてロゼッタは世界で初めて、火星と木星の間にある小惑星メインベルトの向こうへ、太陽電池パネルだけを用いて（言い換えれば原子力電池を使わないで）飛行します。そしてそれこそが、つい最近まで957日も「冬眠」せざるを得なかった理由です。太陽からあまりに遠

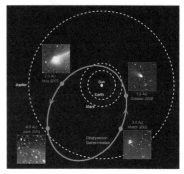
チュリューモフ・ゲラシメンコ彗星の軌道（赤）（口絵24）

2014

ドイツ・ダルムシュタットの追跡センター

彗星表面上の着陸機フィラエ

いところへ旅するので、太陽電池の発電力が十分ではなかったのです。

そこでこのたび、太陽中心の長楕円軌道上で太陽に接近し、太陽電池の発電力を高めて十分なパワーを得てから、さる1月20日午前10時（国際標準時）に静かに目覚めました。そしてロゼッタの機器をあたためてドイツ・ダルムシュタットにあるヨーロッパの追跡局で待つ人々に、「私は目を覚ましましたよ」という電波信号を送ってきました。

さあここから最後の追い込みです。今年の8月までには、チュリューモフ・ゲラシメンコ彗星に近づいて本格的な観測を始め、11月に「フィラエ」と名づけられたランダーを彗星表面に着陸させるのです。そして2015年の末まで、この彗星が太陽に接近していく一部始終を、科学の目で監視し続けます。ワクワクするような映像やデータが送られてきますよ。楽しみですね。

2014年2月3日

人間もこのサカナの子孫
―― 古代魚の化石に骨盤の原型を発見

ユーステノプテロン（平田隆三）

人間とサルが同じ先祖を持っている ―― 私も幼いころにそのことを耳にしてビックリしました。そしてもっとずっとさかのぼっていくとサカナが私たちの先祖だと教わったので、目の前にあった焼き魚をじっと見つめた記憶があります。

地球上の生命が始めに誕生したのは海の中だそうです。海で進化した生物がやがて陸に上がって、現在の四足の動物に進化し、そこから二足歩行する人類になってきたというストーリーのようですね。

その海から陸に進出する直前・直後の生き物として「ユーステノプテロン」と「イクティオステガ」と命名された生き物の化石のことを若いころに何かの本で読みましたが、その間の進化を物語る生き物も、その後発見されていたようです。たとえばユーステノプテロンより

進化している魚類の「パンデリクティス」とか、イクティオステガよりも進化していない両生類の「アカントステガ」とか。

　ただし、サカナは腹びれより胸びれが大きいけど、四足動物は後ろ足と骨盤の方が大きいですよね。サカナが陸に上がってから、四足動物の力強い後ろ足はどうやってできてきたのでしょうね。それが進化途上の大きな謎（ミッシングリンク）だったようです。

　ところが最近になって、北極圏にあるカナダ・エルズミア島で発見された今から約3億7500万年前（古生代デボン紀）の古代魚の全身骨格の化石から、骨盤に似た大きな腰骨が明らかになったそうです。その古代魚の名は「ティクターリク」（イヌイットの言葉で"大きな浅瀬の魚"）。現在のシーラカンスや肺魚に似ていて、おそらく全長が2.7mもあったらしい。これが現在地上にいるすべての四足動物の祖先みたいですよ。

　「ティクターリク」についての考察から、すでに海にいたころから、腹びれには後ろ足の働きが芽生えており、股関節を使って、腹びれを櫂のようにして漕いでいたと考えられます。生物の進化における重要な「ミッシングリンク」が、また1つ埋まったようです。まだわからないこともいっぱいあるけど、私たちの先祖も少しずつはっきりしてきますね。

イクティオステガ（ジュリア・モルナー）

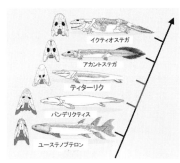

サカナから両生類への進化

古代魚の想像図（シカゴ大学）

2014

2014年2月10日

ヨーロッパのプラトー計画
──地球型惑星の発見をめざす

ケプラー22b衛星の想像図（NASA提供）

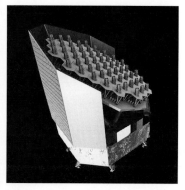

探査機「プラトー」想像図（ESA提供）

ソユーズロケット（ESA提供）

　20世紀の末以来、太陽系外の惑星が次々と見つかっており、またその中でも、地球のように固体の表面を持つ惑星で生命の住める環境にある星の発見が待望されています。

　例えば「ケプラー」という宇宙望遠鏡衛星が発見した「ケプラー22b」と命名されている惑星は、太陽に似た星を回る地球に似た惑星なのです。恒星からの距離が近すぎもせず遠すぎもしない惑星は、大きさが適切であれば生命が生きるのに適していて「ハビタブルゾーンにある」と言われます。例えば地球は太陽の「ハビタブルゾーン」にあるのです。

　ある恒星を見ていて、そのこちら側を惑星がよぎると、恒星の一部が隠されるので光が弱くなります。現在ESA（欧州宇宙機関）が計画している探査機「プラトー」は、34個の小さな光学望遠鏡を束ねたもので、恒星の光の変化をとらえて、恒星を周回している惑星を発見します。主として液体の水が存在しているような惑星を探すことが目的です。液体の水があると生命を育んでいる可能性もあるから探査する魅力があるのですね。

　現在ESAは、数多く寄せられた次期の大きな宇宙科学ミッション提案の中から、有力候補として5つを残しています。太陽系外惑星の大気を研究する「エコー」、小惑星サンプルリターンの「マルコポーロR」、X線望遠鏡「ロフト」、宇宙の基本法則に挑む「STEクエスト」、そして上記の「プラトー」です。そして先月開催されたESAの宇宙科学諮問委員会は、これらの中から特に「プラトー」を第一候補に推したのです。

　そして来る2月19日には、ESAの科学政策委員会が最終決定をします。ここで無事に「プラトー」が予定通り選ばれれば、早速準備が開始され、2024年以降になるでしょうが、南米ギアナ宇宙センターからソユーズロケットで打ち上げられ、地球から150万km離れた

「ラグランジュ点」L2へ向かいます。

　それまでにはNASA（米国航空宇宙局）の強力なJWST（ジェイムズ・ウェッブ宇宙望遠鏡）なども打ち上げられるので、「プラトー」が発見した地球型惑星を、さらに精密に観測したりもできるでしょう。またNASAが2017年に打ち上げる予定の岩石型惑星発見衛星「テス」も、競争と協力の相手として面白いライバルになるでしょうね。まずは2月19日のESAの決定を楽しみに待つことにしましょう。

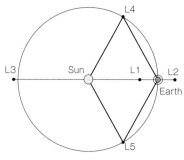

ラグランジュ点L2

2014年2月17日

 火星表面に恐竜の骨？──結局正体が判明

　アメリカの火星ローバー（探査車）「オポチュニティ」は、2004年1月25日に火星のメリディアニ平原に着陸しました。以来、予想をはるかに超える10年間にわたって、火星表面を移動しながら、さまざまな観測・発見をしてきています。

　今年の1月8日、オポチュニティから送られてきた画像を見たNASAの科学者たちが首をかしげました。右上の2枚の写真を比較しながら見てください。同じ場所を撮影したものであることがわかるでしょう？　ところが、左の写真（昨年12月26日）には無い奇妙な物体が、右の1月8日の写真には写っているではありませんか。

　みんなびっくりしました。実はオポチュニティは、そのころ天候の回復を待っていて、1ヵ月以上もその場をほとんど動いていなかったのです。このドーナツみたいなものは何だ？　この物体はドーナツ状で、「ゼリードーナツ」のニックネームで呼ばれました。そのことをNASAの発表で知った一般の人たちも巻き込んで、大きな論争が始まりました。

　「むかし火星にいた恐竜の化石か！」「火星の生物が地球人を驚かすために運んで来たんじゃないか」……いろいろな憶測が飛び交いました。しかし調査の結果、この

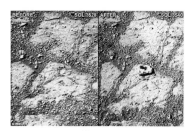

火星の表面に突然現れた「ドーナッツ」
（左：12月26日、右：1月8日）

拡大写真

2014

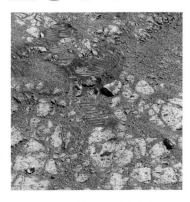

「ドーナッツ」が左下に、真ん中上に元の岩と車輪の乗り上げた跡が見える

謎の石の正体は判明しました。1月上旬にオポチュニティの車輪が大きな岩に当たり、岩の一部が砕け、その破片がオポチュニティの車輪とともに移動してきたものだと判明したのです。

　因みにこれは外側の縁の部分が白く、真ん中が凹んでいて暗い赤色をしており、幅は約4cm。「ピナクルアイランド（とがった島）」と名づけられました。その石の近くに同じようにひっくり返っている状態の岩を見つけ、その上をオポチュニティが乗り上げた跡も見つかったので、これが「ピナクルアイランド」が破片になる前の元の岩だということが、はっきりとわかったのです。

　残念ながら、宇宙人の落とし物ではなかったけど、この石の謎が解けたことで、探査チームはまた元気に、オポチュニティを移動させ、斜面に露出した岩の層の調査を開始しています。私たちも気を取り直して、今後もその活躍を見守りましょう。

火星探査ローバー「オポチュニティ」

2014年2月24日

ロケット打ち上げ価格を100分の1に
―― スペースX社の新しい試み

公開されたファルコン9の着陸脚

　スペースシャトルが2011年に引退して以来、あらゆるロケットが使い捨てになっています。しかし高価なロケットですから、できれば何度も使えた方がいいですよね。そこで再使用ロケットの研究が各国で進められています。

　来る3月9日、スペースX社の「ファルコン9」ロケットは、国際宇宙ステーションに無人の物資補給船「ドラゴン」をケープカナベラルから打ち上げます。そのチャンスを利用して第一段ロケットの再使用実証実験

を行う予定で、このたび「着陸脚」を取り付けたファルコン9の写真が公開されました。

実は日本でも宇宙科学研究所が、垂直離着陸の再使用ロケット「RVT」の打ち上げ実験を秋田県の能代ロケット実験場で2003年まで行った実績があり、現在も細々とながら研究が続けられています。未来には「観光丸」と呼ばれる有人宇宙旅行をも構想する雄大な計画ですが、当面は、1機あたり2.5億円〜4億円くらいかかっている観測ロケットを、再使用にすることで一挙にコストダウンする狙いで進められています。予算の少ないことが悩みですね。

日本のRVTの飛翔テスト

スペースX社は2011年に、「ファルコン9」ロケットの完全再使用構想を発表しています。これは4本の脚を持つ「グラスホッパー」（バッタ）と呼ばれる試験用ロケットで、これまで垂直離着陸の試験を行ってきています。このときの構想では、打ち上げ価格を現在の100分の1にすると言っていました。

有人宇宙旅行船「観光丸」（想像図）

このたび発表された写真では、「ファルコン9」に、長さ1.4mの「着陸脚」を4基装備して、第1段の回収を行い、再使用に向けた実証実験を行う予定です。「着陸脚」は折りたたまれた状態から、第1段分離後に圧縮ヘリウムガスで展開し、第1段エンジンを再着火して減速しながら大西洋上に降下します。

最終的な目標は陸上への垂直着陸による回収ですが、超音速から亜音速への精密な制御技術がまだ開発途上なので、今回は着水試験を行うだけです。この実験によって、回収したロケット第1段の補修点検・再使用などが可能になると完全再使用ロケットも近づくでしょう。3月16日が楽しみですね。

「グラスホッパー」の着陸想像図

2014

2014年3月3日

冥王星への旅──ニューホライズンズ

ニューホライズンズを載せたアトラスVロケットの打ち上げ

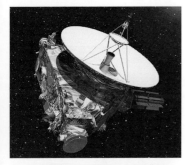

冥王星をめざすニューホライズンズ

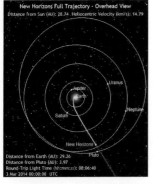

ニューホライズンズの軌道（口絵25）

2006年1月19日、ケネディ宇宙センターからアトラスVロケットが打ち上げられました。「ニューホライズンズ」という探査機が冥王星への旅に出発したのです。そして今ニューホライズンズは、人類史上最も近いところまで冥王星に接近しています。現在の冥王星までの距離は約6億km──地球と太陽の距離の4倍（4天文単位）くらいです。

発射直後、ニューホライズンズは史上最速の秒速16kmで軌道に投入され、9時間後には月軌道を通過、13ヵ月後に木星のスウィングバイを行いました。これまでに走破した距離は46億kmを越えています。これまでに人類の作った探査機で、最も遠くの天体に接近したのは、1989年に海王星に近づいたボイジャー2号ですから、来年2015年7月14日にニューホライズンズが冥王星に到着すると、こちらの方が遠い天体になりますね。

口絵25はニューホライズンズの軌道です。緑色がこれまでのニューホライズンズが旅をした軌跡。赤色がこれからの飛行計画です。図の背景に星が見えますが、これは地球軌道より上（北）側にある12等級以上の星が描いてあるのです。

本体の重さは、推進剤77kgを含んで465kg。次頁の右上に見るような機器を載せています。太陽から遠く離れるので太陽電池が使えないため、原子力電池（240W）を搭載しています。冥王星付近からの通信速度は遅くなるので、冥王星探査で得たデータは搭載したフラッシュメモリーに蓄え、数ヶ月かけて地球へ送り届けます。会話するだけでも大変ですね。

搭載機器の他に、アメリカ合衆国の国旗（星条旗）、世界中から公募した43万人の人々の名前を記録されたCD-ROMも載せてあります。その他にも、史上初の民間有人飛行をした「スペースシップワン」の機体の一部だったカーボンファイバーの破片とか、1930年に冥王

星を発見したアメリカの天文学者クライド・トンボーの遺灰も乗っているんですよ。

なお、ニュー・ホライズンズは冥王星を通過した後も、さらに遠くにあるエッジワース・カイパーベルト内の天体を探査することになっています。目標天体は、日本のすばる望遠鏡なども協力して探しているところです。

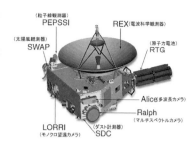

ニューホライズンズの搭載機器

2014年3月10日

若田光一飛行士、ISS のコマンダーに就任

日本時間3月9日、ISS（国際宇宙ステーション）で、第38次長期滞在クルーのコマンダーであるロシアのオレク・コトフ飛行士から、第39次長期滞在クルーのコマンダーを務める若田光一飛行士に、ISS の指揮権を移譲するセレモニーが行われました。

セレモニーでは、若田宇宙飛行士が、帰還するコトフ飛行士ら3人のクルーに対し、第38次長期滞在を振り返って感謝を述べ、さらに自身がコマンダーを務める第39次長期滞在につき、「和の心を大切にしたい。日本らしさをもって船長業務にあたりたい」と、抱負を述べました。アジア人として初めての ISS コマンダーが誕生したのです。

ISS 指揮権移乗のセレモニー（口絵26）

3月10日、ソユーズ宇宙船が ISS を離れ、第37次／第38次のクルーとして滞在したコトフ宇宙飛行士ら3名が帰還し、若田飛行士をコマンダーとする第39次長期滞在が始まりました。これから5月の帰還まで、若田飛行士は、さまざまなミッションを実施する司令塔となり、共に過ごす他の6名のクルーの作業や健康の状態を把握し、有毒ガス・火災・スペースデブリ衝突など緊急事態への一時措置と対応などに責任をもちます。

もちろん日本実験棟「きぼう」における実験のとりまとめ、「コロンバス」（欧州実験棟）と「デスティニー」

ISS 第39次長期滞在ミッションのエンブレム

2014

若田光一飛行士率いる第39次長期滞在クルー

（米国実験棟）での実験運用、ISS有数のロボティクスの専門技術者として超小型衛星の放出、無人補給船「シグナス」や「ドラゴン」到着時のロボットアームの操作等々、若田飛行士の仕事は山積みです。

思えば、1996年1月、スペースシャトル「エンデバー号」に搭乗した若田飛行士。左下の写真に見る通り、このときは若々しく新鮮ですね。2回目の飛行は2000年10月の「ディスカバリー号」でISS搭乗、2009年3月から7月にかけては日本人初のISS長期滞在。そしてこのたびの4度目のフライトでコマンダー就任。

その背景に、日本のこれまでの宇宙活動における実績があることは当然ですが、若田飛行士本人の実績や人柄が抜群であることへの評価が非常に高いことが、何と言っても大きな要素です。日本人として誇りに思うと同時に、大事な国際貢献を無事に果たしてくれることを祈りたいですね。

1回目のフライトの若田飛行士

2014年3月27日

 宇宙こそ人類の懸け橋に──ますます大事な若田ミッション

高度400kmの軌道を回る国際宇宙ステーション（NASA）

クリミア、ウクライナをめぐって、世界は緊張の度を高めています。人類の宇宙進出に関心を持つ者にとって、いま宇宙にいる飛行士たち、これから宇宙へ飛ぶ人たちのことが気にかかります。

さる3月10日、ソユーズがロシア人2人とアメリカ人1人をISS（国際宇宙ステーション）から地上へ運んだので、現在ISSに滞在しているのは、ロシア人3人、アメリカ人2人、日本人が1人です。地上の紛争はさておいて、彼らは仲良く協力し合って、任務遂行に全力をあげています。先日若田さんから私に届いたメールでは、ISSでも、地上の厳しい国際情勢について真剣に議論しているそうです。

ちょうどこのような時期に、日本の若田光一さんがコ

マンダー（船長）としてISSにいるというのも、めぐりあわせというものでしょう。2004年から2005年にかけてISSのコマンダーを務めたリロイ・チャオ飛行士も、「地球上でどんな事態が起きても、宇宙にいる飛行士たちは常に友好的な話し合いをしている」と語っています。

日本には「和」という文化があります。ワシントンからもパリからもモスクワからも適当な距離にある日本という国は、今や他の国々から自立して自らの力で世界の懸け橋となるべき位置にいる国です。

若田さんはさる3月9日、コマンダーへの就任にあたって、「クルー全員の意見を尊重しながら共通の目標を成し遂げていく、日本人の"和"の精神を大いに発揮して、コマンダーの任務を全うしたい」とその決意を述べました。かつて古代ギリシャの時代、ギリシャの都市国家は、戦争の真っ最中でも、オリンピック競技が開始されると、その間は休戦しました。スポーツを政治に利用使用する動きも垣間見える現在、ひょっとすると、宇宙での国境を越えた飛行士の共同生活は、国家同士の紛争にも拘らず、本当の意味でフェアプレーの精神を体現する大切な場になっているのかもしれません。

宇宙を愛する子どもたちは、同時に平和を愛し、地球を宇宙に浮かぶ大切な1つの星として尊び、この小さな星にひしめき合いながら生きている人間同士が互いを尊重し合い尊敬し合う「宇宙の視座」を持って、生きていきたいものです。若田さんがいまそれを体現しています。一緒に応援していきましょうね。

ISS第39次長期滞在クルーの6人（NASA）

ISSの若田光一飛行士

2014年3月31日

 ## 宇宙の未来

今回は「宇宙の未来」を考えてみましょう。宇宙の始まりも終わりも、私たちの一生の短さに比べると、とても及びもつかない遥かな過去と未来のことなのですが、やはり気になりますね。

2014

ジョージ・ガモフ（1904-1968）

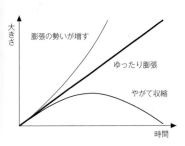

素朴に考えた宇宙の未来

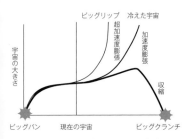

現在考えられている宇宙の三つの未来についての能性

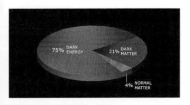

宇宙に存在する物質の割合

　1920年代にエドウィン・ハッブルが「宇宙は膨張している」という確かな証拠を見つけ、その後アインシュタインの相対性理論をもとにしてジョージ・ガモフたちが「ビッグバン理論」を提唱し、それの正しいことがいくつかの発見で証明されました。そしてそのビッグバンを起こしたそもそもの原因に、誕生直後の宇宙に急膨張（インフレーション）をさせた「真空のエネルギー」の力があったという考え方も提唱されました。

　それでは、その膨張している宇宙の未来はどうなるのでしょうか。膨張する宇宙のスピードにブレーキをかけるのは、宇宙に存在する物質の重力でしょうね。ビッグバンの勢いよりも重力の働きが大きければ、つまり宇宙に含まれる物質の量がうんと多いと、膨張する勢いはやがて衰えて、収縮に転じ、宇宙はどんどん小さくなっていくでしょう。反対に物質が少なければ、膨張の勢いが勝って、宇宙はいつまでも膨張を続けるでしょうね。さて、その物質の量について、最近になって新たな事態が生まれました。これまで私たちが全く観測できなかった物質（ダークマター、暗黒物質）があることが判明してきたのです。だとすると、物質の重力の方が優位になってくるのかな？

　と思っていた矢先に、宇宙の膨張のスピードが、徐々に衰えているどころではなく、逆に加速していることがわかってきました。その加速がもし極端だと、宇宙はやがてバラバラになります。その加速の原動力は、宇宙初期のインフレーションを起こした「真空のエネルギー」のようなのです。これは今「ダークエネルギー」と呼ばれている宇宙科学最大の謎です。こうして現在、宇宙の未来には、3つの可能性が考えられています。

　この宇宙には、私たちが知っている物質はわずかに4％しかなく、ダークマターが21％、ダークエネルギーが75％もあるというのだから驚きですね。こうして、ダークマター、ダークエネルギーという2つの未知のものの正体を暴く挑戦が、世界中の科学者たちによって続けられており、その結果が宇宙の未来について回答を与えてくれるものと期待されているのです。みなさんもそのチャレンジの隊列に加わってくれると嬉しいです。

2014年4月7日

 太陽系に続々と新発見──心躍る惑星探査の世界

　ここ2週間ばかり、私たちの太陽系をめぐるさまざまな発見のニュースが次から次へと届いています。

　現在までに知られている太陽系内の一番遠い天体は、冥王星よりも大きい「セドナ」で、太陽からの距離は76 AU（1 AU＝1億5000万km）です。ところが先日見つかった2012VP113は80 AUのところを飛んでいます。岩と氷の天体です。大きさも450 kmほどあるらしく、かなり大きいですね。私たちの知っているのは、太陽から近い順に、地球型惑星、小惑星、木星型惑星、カイパーベルト天体（冥王星を含む）などですね。そして、冥王星の向こうにある大きな天体の軌道から、太陽系の外縁部に、地球の10倍もあるような大きな惑星があるのではないかというワクワクするような推定もされています。

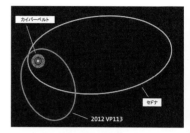

新天体2012VP113の軌道

　また、「チャリクロ」と命名されている小惑星のまわりに2本のリングが発見されたとのニュースにも、驚きました。木星と海王星の軌道の間を動いている岩と氷の小惑星です。木星以遠の巨大惑星のリングに比べれば、幅がそれぞれ数kmの可愛いものですが、小惑星のリングなんて誰も予想していなかっただけに、何か小さな天体が「チャリクロ」に衝突したときに放り出された物質でできたのかなど、成因について議論されています。

リングを持つ小惑星（想像図）

　火星周回機MROが火星表面に見つけた新しい溝（ガリー）も話題を呼んでいます。2010年11月には無かった新たな溝が2013年5月の写真には現れていて、水の流れによって形成される地球上の溝にも似ていますが、二酸化炭素の霜（ドライアイス）によって形成されたのではないかと見られています。

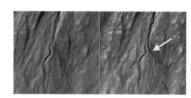

火星に現れたガリー（左には無かった溝が右には見える）

　そして、土星探査機の観測から、土星の衛星エンケラドスの表面を覆う氷の下に海があるらしいことがわかり、その海の下には岩石質の海底が広がっているという推定がなされ、微生物などの生命に適した環境が存在す

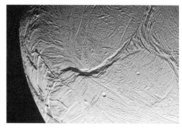

氷の下に海と海底が予想されるエンケラドス

る可能性もあると見られています。木星の衛星エウロパと並んで、生命のいそうな星の有力候補が確実に増えていますね。

　これからの太陽系の探査が本当に楽しみになってきました。

2014年4月18日

土星のリングで新しいドラマ──衛星誕生の姿か？

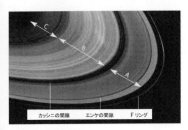

カッシーニの間隙

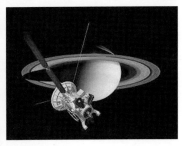

探査機カッシーニ

　土星がまさに見ごろを迎えています。土星と言えばそのリングが有名です。明るいものや暗いもの、幅の広いもの、細いものなど何種類ものリングが見つかっています。外側のAリングやBリングは太いので、小さな望遠鏡でも見ることができます。そのAリングとBリングの間には隙間があって、それは発見者であるイタリアの天文学者の名に因んで「カッシーニの間隙」と呼ばれています。

　現在土星を周回しながら土星やその衛星を観測している探査機に、その天文学者の名前が付けられています。その探査機「カッシーニ」が昨年4月15日に得た観測データの中から、土星のAリングの縁に、かき乱されたような構造が見つかりました。その中には長さが約1200km、幅が約10kmのもので、周りのリングの部分よりも20％くらい明るい部分もあります。また大きさが1km足らずの突起みたいなものも発見されており、仮に「ペギー」と命名されています。

　科学者たちは、この「ペギー」も、かき乱された構造も、周りの物体の重力の働きが原因だろうと考えています。今のところ、この構造が成長する様子はないし、小さくなっていく可能性もあります。しかしひょっとすると、小さな天体がリングの中で誕生し、これからリングから離れて一人前の衛星になりつつある姿なのかもしれ

ませんね。

　あの見事なリングは小さな氷の粒でできていることがわかっており、土星の衛星も氷を主体とするものが多いということ、そして土星から離れれば離れるほど衛星が大きいことなどから、これらの氷衛星は、はじめはリングの粒子から形づくられ、他の衛星と合体して大きくなりながら独立していったという説が提出されています。

　そしてさらに、氷惑星だけでなく、雲に覆われているタイタンや海を持っているらしいエンケラドスのような衛星さえ、現在のリングの外側にあった大きく濃いリングの物質をもとにして形成されたのではないかという考え方も出てきています。

　カッシーニは土星をぐるぐる回っているので、この部分を常に見守ることは不可能ですが、2016年後半には、Aリングの近くにやって来るので、そのときに詳細な観測・調査を行うことができるでしょう。そのときを楽しみに待つことにしましょう。

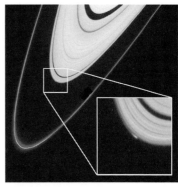

土星のAリングの縁に発見されたかき乱されたような構造

2014年4月24日

危険な小惑星が地球を襲う確率は低くない！

　今から約6500万年前、約10kmくらいの小惑星がメキシコのユカタン半島沖に衝突し、恐竜を含む大多数の地上の生き物を絶滅させたと言われます。100年前の1908年には、シベリアの原野に恐らくは50m以上もある小惑星が突入して爆発し、300平方メートルもの森を壊滅させるという「ツングースカ事件」が起きました。

　ごく最近の話としては、昨年2月、ロシアのチェリャビンスク郊外で雪に覆われた湖に大きな隕石が宇宙から落下してきました。このときは、落ちたのが田舎だったとは言え、1000人以上もの人が傷を負い、たくさんの窓ガラスを壊しました。もし人口密度の大きい街に落下すると、街を全滅するほどの影響があっただろうと推測されています。

6500万年前の小惑星衝突と恐竜たちの悲劇（NASA）

2014

森の木々がなぎ倒された1908年の小惑星衝突

チェリャビンスク郊外に落ちた小惑星（口絵7も参照）

　近ごろでは、こうした地球の大気に突っ込んでくる天体の観測網が強化され、また世界各国の核実験を監視するためのネットワークも加わって調査し、2000年から2013年までに、大気圏内で核爆発レベル（TNT火薬の1000トン相当以上）の爆発を起こした小惑星は26個もあります。そのうちの4つは、あの広島上空で炸裂した原子爆弾をしのぐ規模でした。2009年にインドネシア沖に落下した小惑星の爆発は、広島の原爆を3つ合わせたものよりも激しかったそうですよ。
　幸いこの26回の爆発はすべて大気圏上層で起きたため、都市を壊滅するようなことにはならなかったのですが、注目すべきはその回数ですね。これまでに予想されていた頻度の10倍ぐらいになります。
　サッカーグラウンドの半分くらいの大きさの隕石は「シティ・キラー」と呼ばれ、高速で大気圏に突入して爆発すると、1つの都市を一掃するくらいのエネルギーがあります。地上にいて生活しているだけではなかなかわからないけれど、チェリャビンスクの隕石事件は、20mくらいの小惑星なら、現実にいつ落ちてきても不思議ではないのだということを、事実でもって証明したと言えます。こういう共通の脅威こそ、本当に世界中の人々の力を合わせて対策を講じたいものですね。

2014年5月8日

太陽系に生命を求めて──エウロパ計画の現状

木星とその衛星エウロパ（NASA）（口絵27）

　氷に包まれた表面の下に、地球の海よりも多くの水があると考えられている衛星エウロパ──NASA（アメリカ航空宇宙局）は、この木星の衛星エウロパを探査する計画について、科学者・技術者に対し、本腰を入れてアイディア募集に乗り出しています。次の10年間にNASAが実施する惑星探査の中で、エウロパ・ミッションは、新たな火星ローバー・ミッション、天王星とその衛星へのミッションと並んで、特別の重要性を与えられているのです。

2011年末以来、NASAが検討してきたエウロパ・ミッションは3つあります。オービター、ランダー、フライバイです。オービター・ミッションは、衛星エウロパを周回しつつ、表面の氷の下にあると見られている海を研究することを主目的とし、この衛星の内部構造を明らかにするもの。ランダー・ミッションは、エウロパに着陸して、表面の氷の内部やその下部に存在すると考えられている水の性質を詳しく調べ上げ、生命の存在そのものに直接迫るミッションとして検討されています。3つ目のフライバイ・ミッションは「エウロパ・クリッパー」と命名されています。これはエウロパを回るのではなくて、木星を周回しながら、最低でも45回にわたってエウロパ衛星に低い高度まで近づいて繰り返し観測する計画です。この探査機にはエウロパ表面の氷の下を調べられるレーダーなどを搭載し、生命の存在可能性と将来のランダー・ミッションの着陸候補地を選定しようというもの。

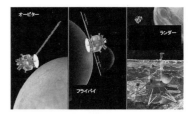

エウロパの3つの候補ミッション（NASA）

2014年度のNASAの予算では、エウロパ・ミッションの計画づくりに約80億円が与えられており、さらに来年度予算にも、その検討を継続するためにあと約15億円が要求されています。因みに、NASAが、現在目安として想定しているエウロパ探査機のお値段は、「約1000億円以下」。

エウロパから噴出する水（想像図、NASA提供）

2013年にハッブル宇宙望遠鏡が、エウロパの南極域の上空に水蒸気を発見し、この衛星からの水の噴出の初めての証拠をつかみました。これによって、着陸しなくても調査ができるのではないかというので、フライバイ・ミッションが有利になったとの見方もあるようですが、現実には、上の3つのミッションのどれが選択されるか、これから提出されるアイディア次第で、予断を許しません。その結果を楽しみに待つことにしましょう。

2014

2014年5月23日

「だいち」2号の打ち上げ成功──大規模災害と日常利用へ

「だいち2号」打ち上げ

軌道上の「だいち2号」(想像図)

　MHI(三菱重工業)とJAXA(宇宙航空研究開発機構)は、5月24日、種子島宇宙センターからH-IIAロケット24号機によって、陸域観測技術衛星「だいち2号」(ALOS-2)を打ち上げました。なおその際、打上げ能力の余裕を利用して、大学などが製作した4機の小型副衛星(ピギーバック衛星)も軌道に運びました。

　ロケットは、順調に飛翔し、約16分後に高度約633km、軌道傾斜角97.9度の太陽同期軌道に入り、「だいち2号」はロケットから分離されて一人旅に入りました。その後ロケットは慣性飛行を続け、約25分から十数分間の間に4機の小型副衛星を分離しました。

　「だいち2号」(ALOS-2)は、陸域観測技術衛星「だいち」の後継機で、10mほどだった分解能を1～3mまで向上させることで、より精度の高いデータが得られ、災害状況などをさらに詳しく把握できるようになります。さらに、だいち2号では「だいち」と比べると、迅速に観測できる範囲が3倍程度まで大幅に広がるので、すべての場所について観測頻度が格段に高まりますね。

　大きく分けて、「だいち2号」には、2つのミッションがあります。

　まず第一は、「来る大規模災害に備える」というミッ

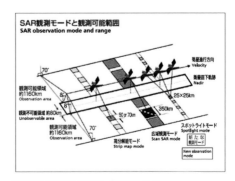

観測可能領域を広げる「だいち2号」

ションです。大規模な地震や水害など広域にわたる災害が発生した際、宇宙から観測した被災地の情報を迅速に提供し、国や自治体の災害対策に役立てます。日本国内なら約12時間以内、アジア地域なら約24時間以内に画像を撮影し、その後数日にわたって、被害の状況や復旧・復興状況を把握します。

　第二に、災害時だけではなく、日常生活においても利用できます。もちろん地震や火山活動に関係する地殻の変動についても、広い地域にわたり継続的に取得したデータは、地図情報を更新したり、船の安全のための情報としても役立てることができます。もちろん地殻変動の予測・監視にも役立ちますし、穀物などの生育状況を把握するのにも使え、また地球環境問題に対する国際的な取り組みにも大いに貢献します。陸域や海底の石油・鉱物などの調査についてのデータも提供してくれますよ。

　私たちの日常生活を豊かにしてくれ、また防災への備え、災害時の対応、……さまざまな助けになる「だいち2号」に大いに親しんで、その働きを大いに活用しましょう。

だいち2号のステッカー

2014年5月26日

アメリカの次の火星着陸機「インサイト」

　現在火星ではアメリカのローバー「キュリオシティ」が元気に表面を走って調査をしていますが、NASA（米国航空宇宙局）はこのたび次の火星探査機の製作に「ゴー」を出しました。「インサイト」と呼ばれる着陸ミッションです。打ち上げは2016年。火星の内部を調べることが主な仕事で、将来の有人火星ミッションの

火星の着陸機「インサイト」（想像図）

2014

「インサイト」の地震計

インサイトの熱流量計

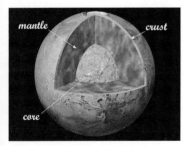

火星の内部構造（想像図）

準備にもなります。

　2008年に火星の北極域に着陸し、微生物の生きていける環境があるかどうかを調べ、氷のあることを証拠づけた「フェニックス」という着陸機がありました。「インサイト」は、三本足であることや丸い2枚の太陽電池パネルなどは「フェニックス」に似ていますが、載せる科学機器が異なり、着陸点も赤道近く。また、「フェニックス」は約5ヵ月しか仕事をしませんでしたが、「インサイト」は630日も火星の上で働きます。

　「インサイト」には、3台のパノラマ・カメラと火星の内部を調べる3つの主要な機器が載っています。まず、火星の地震を調べる3kgの地震計（欧米の協力）。火星にも地震のあることがわかっており、地球内部を調べるのと同様に地震計を使うのですね。

　2つ目の機器は熱流量計（ドイツ宇宙航空研究所）。火星の地下5mの深さまで打ち込んで直下の温度を計測します。左図では、熱流量計を地下に打ち込んだ様子がわかるように、地面の手前を垂直に切断して描いてあります。

　さて3つ目の機器は自転・内部構造観測器（ジェット推進研究所）です。火星−地球間の交信で行き交う電波のドップラー効果を活用して自転軸の揺れを計算します。火星の内部は、地球の内部と同じように層状になっていると考えられていますが、中心の核も地球みたいに溶けていると推定されます。自転の様子を調べるのは、その中心核の大きさを知るためなのです。

　当然ながらこれらの調査は、いずれ人間が火星を訪れる際に、どんな旅支度をすればいいかについて重要なヒントをくれるものになるでしょう。

2014年6月3日

アメリカ近未来の民間有人輸送——三強がそろう

　2011年までアメリカの有人宇宙輸送を一手に担っていたスペースシャトルが老朽化のため引退し、現在は国

際宇宙ステーション（ISS）へ宇宙飛行士を運ぶ仕事は、ロシアのソユーズ宇宙船だけに頼っています。しかし、最近のウクライナ情勢のように、ISS の関係国の間に政治的な対立が起きたりすると、いろいろな国籍の飛行士を宇宙へ運ぶ仕事には支障が出てくることも予想されます。

そこでアメリカは、近い将来、飛行士を宇宙へ運ぶ仕事を自分の国でまかなうために、地球周辺へ人間が行く輸送機は民間企業の力に頼り、国としては新しくリスクを伴う月や火星や小惑星への有人輸送を受け持つという戦略を発表しています。飛行士を地球周辺に運ぶ輸送機を開発する民間企業の競争は熾烈でしたが、その中から3つの企業が有力なものとして浮上しています。

さる5月29日にその試作機を公開した、スペースX社の「ドラゴンV2」はその1つです。すでに同社の補給船「ドラゴン」が無人でISSに物資を補給していますが、それを有人宇宙船に改良した「ドラゴンV2」は、垂直に地上に帰還して再使用することが可能です。

シエラネバダ社の「ドリームチェイサー」は、スペースシャトルみたいに翼を持っていて、グライダーのように帰還してきて、これも再使用されます。これはすでにスケールモデルを上空から落として飛行させ、着陸のテストに成功しています。

ボーイング社の「CST-100」は、パラシュートで地上に帰還します。全体としては現在のソユーズに似ているかもしれませんね。

すでにこの3つの宇宙船の設計は、NASAの安全審査の最初の基準をパスしており、これから今年末に予定される次の契約審査までいろいろなテストをやりつつ激しい競争をしていくことでしょう。なお、3機とも2017年までに飛行士たちを最低一度は無事にISSに運び帰還させることが期待されています。

現在のところ、「ドリームチェイサー」の最初の無人軌道飛行は2016年11月に、また「ドラゴンV2」も2016年にISSへ飛行士を運ぶという構想を発表しています。

ドラゴンV2

ドラゴンV2の地球帰還（想像図）

ドリームチェイサー試験機の地球帰還

飛翔中のCST-100（想像図）

2014

2014年6月9日

メガアースの発見──太陽系の形成理論に一石

グリーゼ581c（想像図、NASA）

MOA-192b（想像図、NASA）

メガアース「ケプラー10c」（想像図、NASA）

太陽以外の恒星のまわりをめぐる惑星が初めて発見されたのは1995年。それ以来見つかった太陽系外惑星のほとんどが木星のような巨大ガス惑星でした。しかし観測技術が向上し巧みになったことで、2005年以降になると、表面の主成分が岩石や金属などの固体でできている地球型惑星も見つかり始めました。

これまで発見されている地球型惑星はいずれも地球の数倍から十倍くらいの質量を持つもので、「スーパー・アース」と呼ばれています。たとえば地球質量の5倍程度と見られる「グリーゼ581c」や1.4倍くらいのMOA-192bなどです。ヨーロッパ南天天文台（ESO）の推算では、スーパーアースは私たちの銀河系に数百億個もあるそうです。

「スーパー・アース」がどのようにしてできたかについては、地球と同じように小さな固体が衝突・合体を繰り返しながら大きく成長したという説と、ガス惑星ができた後で質量が小さいためにガスが剥ぎ取られてしまったという説とがあり、なお研究中です。

従来の太陽系形成理論によれば、地球質量の十倍程度よりも重くなると、重力が非常に大きいので水素ガスをたくさん引き付けることができるので、木星や土星のようなガス惑星しかできないと考えられていました。ところが先日ボストンで開催された学会で、地球の実に17倍もの質量を持っていながら、しかも岩石でできている惑星の存在が発表され、大きな注目を集めています。

「ケプラー10c」と命名されたこの惑星は、「りゅう座」にあり、地球から560光年の彼方。地球型惑星としては、これまでの常識を覆す重さで、「スーパーアース」の上を行く「メガアース」と呼ばれています。こんなに重いのに木星みたいなガス惑星にならないで岩石質の惑星になったのはなぜか？　科学者たちは頭をひねっています。しかも「ケプラー10c」は、110億年くらい前にできたものらしく、こんな昔には岩石の世界は現

れていないと思われていたので、このことも大きな謎になっています。太陽系のことについては、まだまだわかっていないことが多いのですね。みなさんの活躍が待たれますよ。

2014年7月3日

宇宙の大きさを感じる話（その1）
――地球という星

　宇宙はとっても大きくて実感がわかないけど、今日から何回かに分けて、それを「感じる」試みにチャレンジしてみましょう。まずは私たちの生きている星「地球」。その大きさを、いろいろな方法で感じてみることにしましょう。

　まず歩いて世界一周すると？　人間はふつう1時間に4.5 km くらい歩けると言います。このスピードで昼も夜も歩き続けると、地球をぐるりと一周するのに、どれくらいかかると思いますか。もちろん陸も海もあるけれど、海の上も同じような速さで歩けるとすると、地球を一回りすると約4万kmですから、計算すると、実にちょうど1年なのです。

　では次に、地球の表面の1 kmの四角（1平方km）を1秒間で見物できるとすると、地球表面全部を見てしまうのにかかる時間は？　16年もかかりますよ。陸地だけに限定しても4、5年かかることになりますね。

　この地球に住んでいる人の数は、現在72億人だそうです。このすべての人を、地球表面（海も陸も含めて）に均等に分布させると、1平方 kmに14人ずつになります。つまりみんなで地球表面を均等に分け合うと、4人家族の場合は縦横500 mくらいの土地（海も含めて）をもらえる勘定になるのですね。

　それでは、表面だけでなく内部も入れて大きなかたまりとして地球を見てみましょう。地球を大きなまな板の上に置いて、巨大な包丁を使って、ジャガイモのようにこまかく刻んで、一辺1 kmの立方体（大きな角砂糖だ

美しく大きな地球

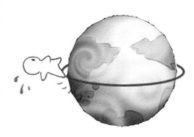
歩いて地球を一周すると？

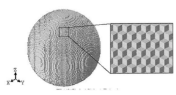

地球の体をブロックに分ける

```
ボールの周囲の長さ
　＝2×3.14×(ボールの半径)
ボールの表面の面積
　＝4×3.14×(ボールの半径)
　　　×(ボールの半径)
ボールの体積
　＝4×3.14×(ボールの半径)
　　　×(ボールの半径)
　　　×(ボールの半径)÷3
```

地球についての計算式

ね！）をたくさん作ってみましょうか。その立方体を1つ見学するのに1秒かかるとすると、地球のかたまりを全部見てしまうにはどれくらいかかるかな？　それが何と3万2000年かかるのです。

そんな地球のでっかい姿に比較すると、人間の作った大きな橋や建物なども、小さな小さなものに見えてしまいますね。さて参考までに言えば、地球の半径を6400 kmとして、上の計算を自分でやってみてはどうですか。左の枠内の数字をヒントにしてください。

2014年6月26日

 ## 宇宙の大きさを感じる話（その2）
──地球のさまざまな地形

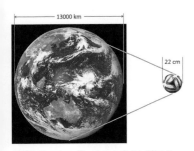

地球をサッカーボールの大きさに縮める

　本物の地球は大きすぎて、頭で全体の大きさを想像するのが難しいですね。そこで、地球をみなさんの好きなサッカーのボールの大きさにギュッと縮めてみましょう。ワールドカップで使ったサッカー・ボールは、直径22 cmです。このサッカーボールの上に、地球表面にあるいろんな地形が、同じ縮図で配置されているとしましょう。

　すると、世界で一番高い山、エベレストの高さは、わずか0.15ミリです。小さな小さな砂粒くらいの高さですね。いまサッカーボールの地球をプールの水にバサッと浸してみましょう。水から出して水を振り落してもすぐには乾かないから、まだ表面に薄い水の膜が残っています。その水の膜の深さが、一番深い海の深さになります。

　一般に地表から100 kmくらいまでの高度は、大気の非常に濃い領域で、ここを「大気圏」とすれば、サッ

カーボールの地球では、大気圏の厚さは2ミリ弱。人間が呼吸できる程度の大気層となると、紙の厚さくらいに過ぎません。現在ISS（国際宇宙ステーション）が飛んでいる400kmの高さは7ミリ。携帯電話の厚さくらいですね。

地球を掘って行って表面からだんだん下へ行くと、固い地殻からドロドロに溶けたマントルの世界になります。マントルに行き着くまでにはサッカーボールをわずかに名刺の厚さくらい掘ればいいことになるんですね。

こう考えてみると、私たち人間が活動している世界というのは、実に狭い範囲に限られていることに気がつきます。それなのに私たちが毎日の生活で経験することは、千変万化でさまざまな事件に溢れていますね。問題は、この地球上でどんなに大規模で激しく見える変化でも、どこか遠くにいるかも知れない宇宙人から見れば、本当に小さいところで起きているちっぽけな事柄だということです。

そしてその私たちの狭い世界も、周りの広いところから飛んでくる隕石が襲ってくるとひとたまりもないこともわかっているし、この狭い地球を広い広い太陽系から銀河の中に置いて想像力をめぐらせると、私たちの未来には手つかずのままの魅力的で広大な世界が存在していることにも気づきます。大きな心でサッカーボールの地球を眺めましょうね。

あの最高峰エベレストもわずか0.15ミリの高さに

サッカーボールの地球

2014年7月3日

ドニエプル、一挙に37個の衛星を打ち上げ
──日本の小型衛星「ほどよし」も

日本時間のさる6月20日早朝、ロシアのヤースヌィという街の近くにあるドンバロフスキー基地から、ドニエプル・ロケットが発射されました。このロケットには、実は4大陸17ヵ国から打ち上げを依頼した37個もの人工衛星が搭載されていました。

高さ33mのドニエプル・ロケットは、もともとは弾

69

2014

ドニエプルの打ち上げ（ロスコスモス）

小型衛星を満載したドニエプルの頭部（コスモトラス社）（口絵28）

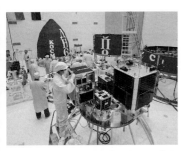

発射前にチェックをする「ほどよし」衛星（東京大学提供）

頭を積むミサイルだったのですが、衛星打ち上げ用としてデビューしたのが1999年。今回は以来20機目の打ち上げで、無事軌道に投入され、発射の数分後には、後で分離する4個を残し、33個の衛星がお互いにぶつからないように30秒の間にきちんと分離されて、それぞれ一人旅に移りました。

37個の同時打ち上げは、これまでの32個（ドニエプル・ロケット、2013年）を越える新記録です。もちろんこれほどたくさんの衛星を載せるということは、1つずつは非常に小さいもので、そのほとんどは「キューブサット」と呼ばれ、掌に乗るくらいの超小型衛星です。各国の研究所や大学生、民間企業などが開発して、次々と打ち上げている「キューブサット」は、世界的に有名になりましたね。

今回の37個のうちで比較的大きな衛星の中に、スペインが韓国と共同開発した衛星「デイモス2」（300 kg）があります。宇宙から地上の75 cmのものを区別して見分けることができるそうですから、相当目がいいですね。

また、イギリスのサリー社が開発したカザフスタンの地球観測衛星（180 kg）や、サウディアラビアがNASA（米国航空宇宙局）の協力のもとに製作した重力波検出用の技術開発衛星などもあります。

福島やチェルノブィリの原子力発電所の様子を宇宙からとらえようと東京大学が開発した「ほどよし3号」「ほどよし4号」も搭載され、2機とも太陽電池パネルが無事に展開し、すでに衛星との交信を開始しています。順調に飛行しているようですね。

このたびの衛星には、カナダ、シンガポール、ベルギー、台湾、デンマーク、イスラエル、ウクライナ、ブラジルなども含まれており、今や世界中の大変たくさんの国々が宇宙への挑戦をするようになってきていることがわかります。特に若い人の衛星づくりやロケットづくりが非常な勢いで進んでいますから、みなさんも早くその仲間に加わってくれると嬉しいです。

2014年7月9日

宇宙の大きさを感じる話（その3）
——太陽系の大きさ

　私たちの地球は太陽系という家族の中の一員です。その中でどのような大きさの存在でしょうか。それをわかりやすく感じるために、地球がエンドウ豆（5mm）の大きさだとしましょう。

　すると、この家族の母である太陽は、大きなスイカくらいで、直径55cm、一番大きな兄弟である木星は大きめのリンゴ（5.6cm）、土星は小さめのリンゴになります。ただし、土星には、そのリンゴのまわりに薄くきれいな環（リング）が目立っていますね。じゃあ、私たちのそばにいるお月さまは？　月は1.5mmになりますから、小さなブドウの種子くらいかな。

　さらに天王星や海王星はサクランボくらい。他の惑星や衛星は小さなエンドウ豆かその種子程度で、小惑星は砂粒かホコリみたいな大きさなのですね。

　さて、このような大きなスイカを中心にしたリンゴやエンドウ豆や砂粒やホコリが、どんな距離で配置されているのでしょうか。スイカのお化けの太陽から地球までは120m離れています。大きなリンゴの大きさの木星は、スイカから600m、海王星ともなると、3kmも離れてしまいます。

　すると、エンドウ豆の地球は、30平方キロの円い野原の中に、ポツンと落とされたエンドウ豆みたいに惨めなもので、これではこの野原で探そうと思っても非常に骨が折れようというものです。ブドウの種子くらいの月は、そのエンドウ豆から15cmかそこらのところにあります。

　こうしてみると、天体と天体の間の距離というのは、想像をはるかに超えるものなんですね。もし現実の地球から太陽までの距離を私たちが歩いて行こうとすると、実に4000年もの間、昼も夜も歩き続けなくてはなりません。地球が太陽の周りを1年間で回る軌道の上を歩いて行くとすると、2万5000年もかかりますよ。

私たちの太陽系（ESA提供）

地球がエンドウ豆の大きさなら？

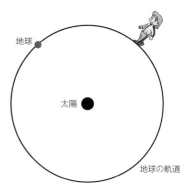
地球の軌道を歩いて一周すると2万5000年！

2014

　海王星は1秒に5.3kmの速さで165年かかって太陽を回りますが、ここを歩くと100万年も歩かなくてはならないのです。太陽系は、ため息が出るほど広いものですね。

2014年7月17日

アポロ11号の月面着陸から45年

アポロ11号の3人の飛行士（左からアームストロング、コリンズ、オルドリン）

月面に降り立ったアームストロング

　7月20日は、アポロ11号の二人の飛行士が、人類史上初めて月面に降り立ってから45年目の記念日です。あのころ私はまだ大学院生で、日本の最初の人工衛星を打ち上げるために四苦八苦していたとき。「日本は人工衛星すら上げてないのに、月まで人間を運んだのか」と、感動と悔しい想いの混じった心持でテレビの画面を呆然と眺めていました。

　1969年7月16日、アームストロング船長、コリンズ、オルドリンの3人を乗せたサターンV型ロケットがフロリダのケネディ宇宙センターから発射され、7月20日に、月面を周回して待機する司令船にコリンズを残して、アームストロングとオルドリンは月面に降下していきました。

　着陸後やがてアームストロングは足元を慎重に確認しながら、9段のはしごを降りて行き、着陸からおよそ6時間半後の1969年7月21日午前11時56分（日本時間）、月面に歴史的な第一歩を記し、有名な次の言葉を発しました――「これは一人の人間にとっては小さな一歩だが、人類にとっては偉大な飛躍である。」

　アームストロングから15分遅れて、オルドリンも月面に降り立ち、月の様子を「荘厳かつ荒涼とした風景」と表現しました。2時間半にわたる月面活動の後、二人は着陸船に戻り、7時間の睡眠をとった後、月面から離陸し、司令船コロンビアとのドッキングに成功して、軌道上で彼らを待っていたコリンズ飛行士と無事再会を果たしました。彼らが地球に無事帰還したのは、7月24日でした。

それは、1961年に、ケネディ大統領が合同議会の演説で表明した「1960年代の終わりまでに人類を月面に到達させる」という公約を実現したものであり、まさに20世紀の人類の宇宙進出の頂点に位置する歴史的な快挙でした。アポロ計画は1972年まで続けられ、合計12人の飛行士が月面に降り立っています。

実はこのアポロの司令船や着陸船などを見ることのできる「宇宙博2014――NASA・JAXAの挑戦」が、7月19日から9月23日まで、千葉・幕張メッセで開催されています。ここには、アメリカと日本がこの半世紀以上にわたって取り組んできた宇宙開発の姿が、400点を超える展示物でお目見えしています。機会があったら、訪れてみてください。

月面上のオルドリン飛行士

2014年7月25日

 ## 宇宙の大きさを感じる話（その4）
――惑星たちの運動の仕方

さあ、これまでに紹介したリンゴの大きさの木星、エンドウ豆の地球、ブドウの種子の月、サクランボの海王星などは、お化けスイカの太陽の周りを回っています。それだけでなく、スイカのまわりを回りながら、自分自身もまるでバレリーナのようにクルクル自転しています。

そしてこの惑星たち全体を収めている野原全体が、太陽に引き連れられて、ある方向に進んでいるのです。これを野原のずっと上から、言い換えれば地球の北極のはるかに上の方から眺めると、とても面白いことに気がつきます。それは、すべての惑星や周りを回っているたくさんの衛星たちが、みんな同じ向きに進んでいることです。地球の北極のはるかに上から見ると、すべて左回りに（反時計回りに）回っていることです。

そして惑星たちは、巨大スイカの太陽に近ければ近いほどスピードが速く、スイカから遠ければ遠いほど遅いスピードになっています。これは考えてみると不思議な

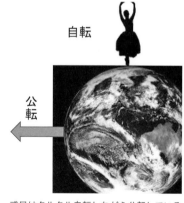

惑星はクルクル自転しながら公転している

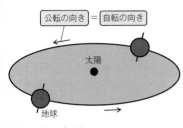

自転も公転も左回り

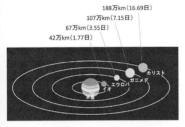

木星の主な衛星の公転周期と公転半径

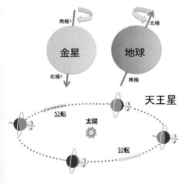

金星は逆スピン、天王星は横倒し

ことですが、木星の周りを回っている衛星たちも、木星に近いほど高速で動いているのです。まるで木星中心の衛星の動きは、太陽系の家族の小さなモデルみたいですよ。

さて私たちのエンドウ豆やサクランボの動きは、いかにもノロノロしているように見えるかも知れませんが、実は信じられないほど速いのです。たとえば私たちのエンドウ豆の地球がスイカの太陽を回るスピードは、1秒間に約30キロメートル！　地球の速さでマラソンの距離（42195.6キロ）を走ったら、2秒もかからないんですから。

それともう1つ面白いのは、バレリーナのようにスピンしている惑星たちのスピンの向きが「ほとんどみんな」（北極から見て）左回りであることです。「ほとんどみんな」と言ったのは、例外があるからです。たとえば、金星は右回りにゆったりとスピンしているし、天王星のスピン軸は、こともあろうに横倒しになって、横着そうにクルクル自転しているのですね。金星や天王星の異常なスピンの状態には、それなりの原因があるのでしょうが、何しろ数十億年も昔に起きた事件が原因なので、よくはわからないのです。

さあそれでは来週は最後に、うんと遠くへ行くことにしましょう。（つづく）

惑星名	軌道長半径天文単位	公転周期太陽年	平均速度 km/s
水星	0.3871	0.2409	47.36
金星	0.7233	0.6152	35.02
地球	1	1	29.78
火星	1.5237	1.8809	24.08
木星	5.2026	11.862	13.06
土星	9.5549	29.458	9.65
天王星	19.2184	84.022	6.81
海王星	30.1104	164.774	5.44
冥王星	39.5402	247.769	4.68

惑星の公転半径と公転速度

2014年8月1日

宇宙の大きさを感じる話（その5）
——太陽系から銀河系空間へ

　これまで見たとおり、太陽系は歩いて旅をするには大きすぎますね。だから私たちは宇宙へ飛び出すときはロケットを使うのですね。でもそのロケットだって、光の速さに比べるとノロノロ運転ですよ。人間が作った探査機のうち、これまでいちばん速いのは秒速15kmくらいですが、光の速さはその2万倍ですからね。

　光は、1秒間に私たちの住んでいる地球を7、8回、回ることができるほどの速度（秒速30万km）を持っています。光は、惑星の間くらいの距離なら、楽々と飛び回ることができます。たとえばトンボが公園を悠々と飛ぶくらいに。いま地球から月まで光が飛べば、1秒ちょっとしかかからない。太陽から地球までなら8分くらい。

　しかし実はこれほど速い光でも、太陽から海王星まで飛ぶとなると、8時間くらいかかってしまうんですね。1977年に打ち上げたボイジャーという探査機の話をしたことがありましたね。ボイジャーは、人類が作ったもののうちで最も遠くへ行っているのですが、現在のボイジャーの位置まで光で旅しようとすれば、実に18時間以上もかかってしまうんです。電波は光と同じ速さで飛ぶことができるから、いまボイジャーに地球から電波で話しかけようとすれば、光と同じだけ時間がかかってしまいます。

　そんな遠くへ行ってしまったボイジャーも、太陽の重力が影響を与えるギリギリのところまで行き着くには、これからまだ3万年もかかるみたいですよ。そしてそこを飛び出してしまうと、はるかに広がっている世界は、太陽のような星がまばらに存在する広大な銀河系——そこには、約2000億個もの太陽のような星が円盤状に分布しています。

　銀河系をその厚みの方向に縦に眺めると、比較的近い星だけを見ることになります。しかし横方向に眺める

これまでで一番速い探査機ボイジャー

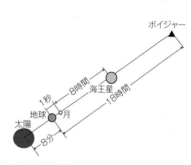

光で飛ぶ太陽系

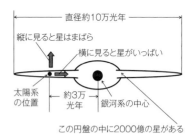

銀河系円盤の形と構造

と、今度はずっと遠くの非常に多くの星が目に入ってきます。銀河系の円盤を横方向に端から端まで光で飛ぶと、10万年もかかります。私たちの太陽系は、この銀河系の中心から、光で3万年くらいのところにあることがわかっています。太陽系って、意外と田舎ですね。銀河系はとてもでかいけど、宇宙は、もっと遠くまで広がっています。もう一週だけ延長して、その宇宙の広さを楽しむことにしましょう。(つづく)

2014年8月6日

宇宙の大きさを感じる話(その6)
―― 銀河系を去って広い広い宇宙へ

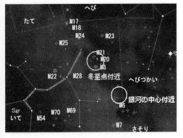

いて座南斗六星と銀河系中心部

　銀河系から去る思い出に、円盤に沿ってど真ん中の方向へ目をやると、たくさんの星が帯状に密集する光景が見えてきます。この帯が川みたいに見えるから「天の川」と名づけたのですね。そしてその中心部には巨大なブラックホールがあるらしいですよ。

　私たちの銀河系は1000〜2000億個の太陽みたいな星が重力によって団結し、1つの集団を作っているものです。しかしこのような集団は私たちのところだけでなく、この銀河系を去ると、宇宙のあちこちにいっぱい存在しています。その銀河の数は、私たちの銀河系に集まっている星の数ほど多いのです。

地球から銀河系の一番厚い方向を見るとたくさんの星が帯状に密集して見える。この銀河系の中心に巨大ブラックホールがあることがわかっている。(国立天文台)

地球から銀河系の中心方向に夜空を見ると……

実は8月から9月にかけての午後8時ごろに、南の空の低いところを見ると、6つの星が「北斗七星」に似たひしゃくの形に並んでいるのが見つかります。「南斗六星」。星座で言えば「いて座」の方向ですね。そのひしゃくの柄のあたりが、地球から見た銀河系中心の方向にあたります。都会では見えにくいけど、夏休みに星のよく見える場所に行くことがあったら、ぜひ眺めてくださいね。

アンドロメダ銀河

　さて銀河系におさらばして広い宇宙空間に飛び出すと、だんだん私たちのいた銀河系が小さくなっていきます。でもね、他の銀河が大きく見えてくるかと言えば、そうでもないのです。銀河と銀河の距離はとても遠くて、お隣のアンドロメダ銀河までだって、光の速さで接近しても240万年くらいかかるのですから。このアンドロメダ銀河は、私たちの銀河系よりひとまわり大きい銀河で、1兆個くらいの星の集まりです。

星々の輝き（ハッブル宇宙望遠鏡）

　そのような広大な銀河と銀河の間の空間にいると、地球みたいな大地も見えず、何やら不安な世界みたいに感じるでしょうが、その代わりに光り輝く星たちを旅する幸せもあるでしょう。

　目のいい望遠鏡で遠くの宇宙を見つめると、はるかに数十億光年彼方の銀河のまとまりが、無数に、鮮やかな姿で私たちの心を癒してくれるでしょうか。いつかそのような旅に出かけることを夢見ながら、夏の夜空を楽しんでくださいね。（完）

2014年8月13日

新型気象衛星「ひまわり8号」の打ち上げ迫る
―― 10月7日、種子島から

　天気予報でいつもお世話になっている気象衛星「ひまわり」―― 現在は2006年に打ち上げた「ひまわり7号」を使っていますが、さらに優れた観測ができ、データの処理能力も大幅に向上する次世代の気象衛星「ひまわり8号」（打ち上げ時3.5トン）が、今年の10月7

2014

テスト中の「ひまわり8号」

「ひまわり7号」がとらえた台風8号（2014年7月）

軌道上の「ひまわり8号」のイメージ

日に種子島宇宙センターから、H-2Aロケットによって打ち上げられます。

「ひまわり8号」は、世界最先端の観測能力を有する可視赤外放射計という機器を載せている新しいタイプの静止気象衛星で、アメリカやヨーロッパの他の新世代の気象衛星に先駆けて使い始めますから、世界からも大きな注目が集まっています。

何しろ衛星画像の解像度が500m四方になり、現在の4倍も細かいところまで見えるし、白黒だった画像がカラーで表示されるのですから楽しみですね。また日本付近の気象や台風の観測についても、これまで30分に1回くらい観測していたものが、2分半に1回観測できるようになりますから、進路予測なども精度がうんとよくなりますね。

このような性能向上によって、台風や集中豪雨をもたらす雲などの移動・発達を、これまでよりも詳しく頻繁にとらえることができるようになるし、また火山灰やエーロゾルなどについてもその分布を詳細に把握できるようになるでしょう。

1950年に設立された世界気象機関（WMO）は、世界の人々が必要な気象データを入手しやすいように、気象監視計画（WWW）を推進しており、各国の地上気象観測、高層気象観測、船舶、ブイ、航空機、気象衛星などで構成される、地球規模の観測ネットワーク「全球監視システム」を運用しています。その中核的役割を担うのが衛星観測網で、日本も静止気象衛星「ひまわり」によって、日本はもとより、東アジア・西太平洋域の観

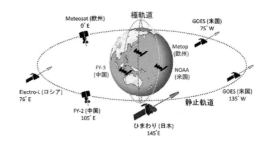

世界の気象衛星観測網（口絵29）

測・監視にあたっているのです。

　「ひまわり」の観測データは、それらの国々の気象の仕事に広く利用されており、台風などの被害を最小限に食い止めるのに大きな貢献をしています。「ひまわり8号」は予定通りに打ち上がれば、テスト観測をした後、来年夏から運用が始まります。

2014年8月21日

欧州の探査機ロゼッタが彗星に着陸

　さる8月6日、欧州宇宙機関（ESA）の探査機「ロゼッタ」が、チュリューモフ・ゲラシメンコ彗星とのランデブーに成功しました。すでに鮮明な彗星の写真を送ってきていますが、11月には彗星を周回する軌道に入り、その際に小型探査機「フィラエ」を分離して彗星表面に着陸させる予定です。無事に着陸すれば、彗星着陸は、人類史上初の快挙となります。

ロゼッタが送って来たチュリューモフ・ゲラシメンコ彗星の表面

　ロゼッタは、2004年3月2日に、南米のフランス領ギアナからアリアン・ロケットで打ち上げられました。その後次頁の図のような軌道をたどって、10年かかって目標彗星のところまでやっと到着したのです。アリアン・ロケットでは、直接この彗星まで届く軌道に乗せるエネルギーがないので、途中「地球－火星－地球－地球」と4回もスウィングバイを繰り返してエネルギーをもらい、総飛行距離64億kmという長旅となりました。

ロゼッタから分離して彗星に着陸する小型探査機フィラエ

　約2.8m×2.1m×2.0m、総重量3トンのロゼッタには、カメラ、レーダー、マイクロ波や赤外線観測器など11台の科学機器が搭載されており、これから送られてくるデータが楽しみです。ただし、ロゼッタは、日本の「はやぶさ」と違って、サンプルを持って地球に帰還することにはなっていません。サンプルリターンはハードルが高いのですね。

　太陽に近づくと長い尾をひく天体である彗星は、小惑星とともに「太陽系の化石」と呼ばれ、太陽系誕生のこ

ろの物質を体内に保存しているそうです。事実日本の探査機「はやぶさ」が小惑星イトカワから持ち帰った微粒子を分析して、科学者たちは、太陽系の始まりのころを物語るさまざまな分析結果を発表しています。

　実は1980年代に、76年ぶりに太陽に接近したハレー彗星に、日本を含む各国の探査機を接近させて共同観測をした思い出のプロジェクトがありました。そのハレー探査の後に、彗星サンプルリターンを目的とする、アメリカ航空宇宙局（NASA）とESAの共同計画が練られて、日本も参加を計画したことがあるのですが、残念ながら予算不足のために、1992年にNASAも日本も離脱し、ESAだけの「ロゼッタ」になったのです。

　なお、「ロゼッタ」、「フィラエ」という名前は、それぞれロゼッタ・ストーン、ナイル川にある中州の地名に由来しています。

ロゼッタの軌道

2014年8月27日

「はやぶさ2」のすべて（その1）
── どこへ行くのか

　2003年5月に打ち上げられ、2010年6月に帰還した「はやぶさ」は、7年60億kmの旅を経て地球に帰還し、世界に感動と共感をもたらしました。その後継機「はやぶさ2」の準備が、今年12月（未定）の打ち上げをめざして、ラストスパートに入っています。今週から数回にわたって（飛び飛びになるかもしれませんが）、この「はやぶさ2」の全貌について、初代「はやぶさ」と比較しながら丁寧に紹介しましょう。

　まず「はやぶさ」が訪ねてサンプルを採取したのは、小惑星イトカワでしたが、「はやぶさ2」はどこへ行くのでしょう。目標とする天体は、やはり小惑星で、現在は「1999 JU3」と呼ばれています。因みにイトカワも、この名前になる前の仮の名前は「1998 SF36」でした。「1999 JU3」もみなさんの呼びやすくて親しみのある名前がつくといいですね。

　小惑星は、発見した人に名前をつける権利があるのですが、その人が国際天文連合に「こういう名前をつけたい」と申請して、認められれば正式の名前になるのです。「はやぶさ」が行った1998 SF36はアメリカの人が発見した小惑星でしたが、日本のロケット開発の父である糸川英夫先生の名前をつけたいと思い、お願いしたところ、快く申請してくれたというわけです。

　小惑星には、どんな物質でできているかによって、何種類かに分類されます。イトカワはS型。Stony（岩石質）の頭文字です。まずはいちばんありふれた小惑星に行ったのですね。「はやぶさ2」が向かう1999 JU3はC型で、Carbonaceous（炭素質）の頭文字です。水や有機物を含んでいると考えられており、サンプルが持って帰れると、地球上の生命の起源の研究に大きな貢献ができそうです。

　はやぶさシリーズはサンプルリターン・ミッションです。探査機に分析装置を直接載せると、どうしてもあま

「はやぶさ」の帰還（東山正宣撮影）

初代「はやぶさ」が訪れた小惑星イトカワ

ペンシルとベビーと糸川英夫

2014

「はやぶさ2」の小惑星への接近（イラスト：池下章裕）

り大掛かりなものを搭載できないため、サンプルを地球に持ち帰って、地上のしっかりした装置で分析した方が、精密で正確なことがわかるという長所があります。でも太陽系には、火星とか金星など魅力的な天体があるのに、なぜ小惑星という目立たない天体に行くのでしょうか。それは次回のテーマにしましょう。（つづく）

2014年9月3日

 ## 「はやぶさ2」のすべて（その2）
──なぜ小惑星へ行くのか

太陽系の大きな天体たち（NASA）

月面に着陸したアポロ宇宙飛行士（1969年、NASA）

　「はやぶさ」も「はやぶさ2」も、その一番の目的は、太陽系の始まりのころのことを調べることです。太陽系の中には、火星だの金星だの、綺麗なリングのある土星だの、魅力的な天体がいっぱいあるのに、「はやぶさ2」はなぜ、よりによって小さな天体である小惑星へ行くのでしょうか。

　人類が、これまでサンプルを採ってきたことのある地球以外の天体は、2010年の「はやぶさ」帰還以前は月だけでした。しかし8つの惑星や月のように大きな天体は、約46億年前に形成されて以来、表面が熱で溶けたり、いろいろな事件が起きて、すっかりその内部が変わってしまい、太陽系の初期のころのことを直接には語ってくれません。特に大きな天体は重力が大きいために内部で熱が発生し、その熱のために大きな変成を受けます。

　しかし小惑星（特に小さい小惑星）は重力が非常に小さいため、熱変成を受けにくく、惑星が誕生するころの様子を比較的よくとどめています。だから、小惑星からサンプルを持ち帰る技術を確立すれば、「惑星や小惑星を作るもとになった材料がどんなものであったか」「惑星が誕生するころの太陽のまわりの様子がどうであったのか」について貴重な手がかりを得ることができるのです。

事実、4年前に「はやぶさ」が小さな小惑星イトカワの表面から持ち帰ったたくさんの微粒子を分析した科学者たちは、地球ができたころの太陽系の様子について、多くの大切な情報を得ることができました。その研究成果は、数々の科学論文となって発表されています。
　先回説明したように、「はやぶさ」が行ったイトカワという小惑星は岩石質の500mくらいの大きさですが、「はやぶさ2」がめざす「1999JU3」は水や有機物を含んでおり、大きさもおそらくは900mくらいであろうと考えられています。私たちの生命がどこから来たのか、「はやぶさ2」がもたらすサンプルは、大切なことを教えてくれそうですよ。
　では、「はやぶさ2」には、今年12月に打ち上げられた後、どのような旅が待ち構えているのでしょうか。そのシナリオのあらましを（その3）で紹介しましょう。（つづく）

アポロ11号の飛行士が持ち帰った岩石（NASA）

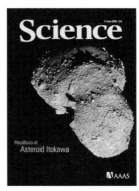
「はやぶさ」の論文が独占した学術雑誌「サイエンス」

2014年9月10日

「はやぶさ2」のすべて（その3）
―― その旅のスケジュール

　「はやぶさ2」はどんな旅をするのでしょうか。そのあらましを紹介しましょう。
　まず打ち上げ場所は種子島宇宙センター。ロケットはH-ⅡAです。初代「はやぶさ」は鹿児島・内之浦の発射場からM-Vロケットで打ち上げられましたが、M-Vロケットは2006年に廃止されたのです。「はやぶさ2」は、現在12月の打ち上げをめざして準備作業が進められています。先日は組み上がった「はやぶさ2」を、神奈川県のJAXA相模原キャンパスで公開して、みなさんに見てもらいました。

「はやぶさ2」を打ち上げるH-ⅡAロケット（種子島宇宙センター）

2014

公開された「はやぶさ2」
実機（相模原）

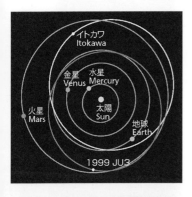

　旅のスケジュールの様子は、初代「はやぶさ」と非常に似ています。火星や金星に向かうときもそうですが、太陽を周回している小惑星がターゲットになっている場合、地球も相手の天体も太陽を回っているので、打ち上げのタイミングが難しく、打ち上げ可能期間（打ち上げウィンドウ）が限られてきます。今年12月の打ち上げウィンドウは2週間ぐらいあるでしょうが、それを逸すると半年ぐらい待たなければなりません。

　12月の打ち上げ後に「はやぶさ2」がたどる軌道計画は次回に詳しく説明しますが、参考のために、目標の小惑星1999JU3の軌道を、地球その他の惑星やイトカワの軌道とともに、左図に示しました。これでわかるように、「はやぶさ2」が行く最も遠い距離は、火星の軌道ぐらい。「はやぶさ」初号機と同程度ですね。「はやぶさ2」も「はやぶさ」と同様に、まっすぐに目標に向かわないで、ひとまずは地球と並んで飛びながら太陽のまわりを一周し、打ち上げの1年後の2015年12月に再び地球に近づいて、地球の重力と公転速度を利用する「地球スウィングバイ」を行ってパワーアップし、1999JU3に向かう軌道に投入します。スウィングバイには、非常に精度の高い制御が求められます。

　スウィングバイを経て、1999JU3をめざす軌道に乗り、小惑星に到着するのは、2018年6〜7月の予定です。そして小惑星を観察したり、そこからサンプルを採集したりして、2019年12月に小惑星から離れて地球をめざす復路の旅が始まります。6年間の旅（初代は7年半）をして、地球に帰って来るのは2020年12月。東京オリンピックの年です。

　これを見ると小惑星滞在期間は1年半。初代「はやぶさ」が小惑星イトカワのそばにいたのはわずか3ヵ月。2号機は落ち着いていろいろなことができそうですね。（つづく）

2014年9月15日

木星の衛星エウロパと生命

　アラスカにある極寒の湖で、いま NASA（米国航空宇宙局）の科学者たちが、面白い試験をしています。彼らは、カリフォルニア州パサデナにあるジェット推進研究所から電波指令を送り、アラスカの氷の下を這い回る無人探査機がその電波をきちんと受けて、計画通りに動くかどうかをテストしているのです。

　それは実は木星の衛星エウロパに無人探査機を送る準備なのです。探査機の目的は？　地球外生命の発見です。何しろ、地球以外にはまだどんなものにしろ「生き物」が発見されたことがないのですから。エウロパ生命探査——興味ある計画ですね。

アラスカでのテスト風景（NASA/JPL）

　エウロパの表面は厚い氷に覆われています。地球と太陽の距離は 1 億 5000 万 km ですが、太陽からエウロパまでは約 8 億 km もあるので、エウロパの氷の下にある水は、深いところまで凍っていると考えるのが普通でしょう。ところが、この衛星は、木星やその他の衛星の仲間との潮汐作用が働いていて、内部が絶えず変形し発熱しているらしいのです。そのため、エウロパの氷の下の水は溶けていて、雄大な海があると言われています。

エウロパの海で動くローバー（想像図、NASA/JPL）

　NASA の探査機「ガリレオ」が撮影したエウロパの表面には無数の亀裂が走り、地球の南極の模様と似ています。私たちが知っている地球の生命が生きていくには、水が必要ですね。水は栄養分を溶かして、からだ全体に届けてくれる大切なものですから。

エウロパの表面下の想像図（NASA/JPL）

　最近になって、「地球のプレートテクトニクスと同じ現象がエウロパの氷に起きているのではないか」という興味ある研究結果が発表されています。ということは、地球の生命の発生した場所と思われている熱水噴出孔もあるかも知れませんね。しかも地表に衝突してくる隕石が有機物をもたらしてくれるでしょう。木星から飛来する電気を帯びた粒子が、いろいろな化合物を作るエネルギーをくれます。

2014

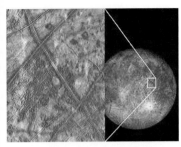

エウロパの表面に縦横に走る縞模様

エウロパの海の塩分が、おそらくは亀裂を通って表面の氷まで達していることや、エウロパの南極で水の噴出する様子も確認されているのです。エウロパの地下の海に、いま生命が潜んで動き続けているとしたら……。何だかウキウキドキドキしますね。

費用が随分とかかる計画だけど、チャレンジする価値のある探査だと思いませんか。

エウロパ表面からの水の噴出（想像図、NASA）

2014年9月23日

 はやぶさ2のすべて（その4）軌道
——どのような軌道を通るか

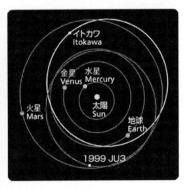

「はやぶさ2」の軌道

それでは、「はやぶさ2」の出発から帰還までの軌道をじっくりと見てみましょう。「はやぶさ2」が飛ぶ太陽系空間は、左図のような世界。太陽を中心に、水星・金星・地球・火星、それに初代「はやぶさ」が訪れた小惑星イトカワと「はやぶさ2」のめざす小惑星1999JU3の軌道も描いてあります。「はやぶさ2」は「はやぶさ」と同じく、近くて地球軌道くらい、遠いところは火星軌道くらいまでの宇宙空間を飛ぶことがわかります。

口絵30-1に「はやぶさ2」の軌道を一緒に描いてあります。落ち着いて読み解いてください。まず青色が地球軌道、緑色が1999JU3、赤色が「はやぶさ2」の軌道です。「はやぶさ2」の道筋を順番にたどりましょう。大きな出来事は黄色の四角の中に書いてあります。

2014年12月に①から出発。赤色の小さい方の軌道をぐるっと回ります。それは地球と付かず離れず飛ぶ軌道②です。1年後の2015年12月、③で地球に急接近させてスウィングバイ —— 地球の重力と公転速度を利用して加速します。

　加速した結果、赤色の大きい方の軌道に乗ります（④）。これは1999JU3を追いかける軌道です。太陽を2周して2018年8月、⑤でついに小惑星に到着。そこからは、1年半近くの時間をかけながら小惑星を観測したり、サンプル収集したりして、⑥の1999JU3とともに過ごします。2019年12月、⑦で小惑星に別れを告げ、⑧で地球に帰還します。

　口絵30-2には、①の地球出発から③の地球スウィングバイまでの軌道だけを描きました。①と③では赤色の「はやぶさ2」と青色の地球が同じ場所にあるのは当然ですね。①と③のときに緑色の1999JU3がどこにいるかも記してありますよ。

　③でスウィングバイした後、赤色実線の軌道④に移って、⑤で1999JU3に到着するまでのプロセスは口絵30-3です。③のときの1999JU3と⑤のときの地球の位置もプロットしてあります。到着後の「はやぶさ2」は1999JU3の軌道⑥で一緒に動きながらじっくり仕事をします。

　そして口絵30-4。仕事を終えた「はやぶさ2」は、イオンエンジンを噴かして⑦で小惑星を出発。「はやぶさ2」帰還軌道を通って、⑧で地球に帰還します。⑦のときの地球の位置、⑧のときの1999JU3の位置も記してあります。

　ちょっと複雑です。でもじっくりと文章と図とを突き合わせて研究すると、算数の図形の勉強に役立ちますからね。我慢して「はやぶさ2」の旅をたどってください。（つづく）

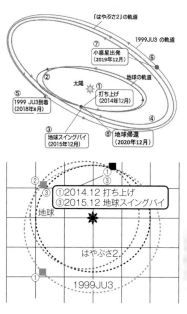

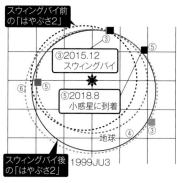

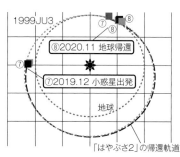

「はやぶさ2」の軌道（口絵30）

「はやぶさ2」のすべて（その5）
—— 「はやぶさ」と「はやぶさ2」の違い

2014年10月1日

「はやぶさ2」は11月30日13時24分48秒に発射と決まりました。今週は、初代「はやぶさ」（1号）と「はやぶさ2」（2号）とを比較します。共通点も多いのですが、新しい仕事がいくつか加わったり、不十分と感じたところを性能アップしたり、用心深くしたりしてあります。

【通信系】まず上から見ると、1号はお椀型のパラボラアンテナ1基だったのが、2号では平面型のアンテナ2基。Xバンドだけの通信だったのを、2号ではより多くのデータを送信できるKaバンドも使えるようにしました。

【姿勢制御系】側面に突き出ているラッパのような形のスタートラッカー（星を撮影し自分の向きを判断するカメラ）。1台から2台に多重化。外からは見えませんが、1号で最も苦労する原因になったコマ（リアクションホイール）は、3台から4台に増やして、冗長性を向上。ガスジェット（化学推進系）の配管も2号ではもっと工夫してあります。

【推進系】1号で大活躍したイオンエンジンも、推力アップをしてより強力に。

【小型ランダー】1号の小型ローバー「ミネルバ」を、

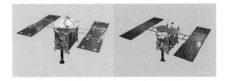

上から見た「はやぶさ」（左）と「はやぶさ2」（右）

「はやぶさ」（左）と「「はやぶさ2」（右）の下面

2号では改良して3機乗せ、さらにドイツ・フランスの小型ランダー「マスコット」を乗せ、すべて小惑星に着陸させます。

　【サンプル採取系】次に下面から見ると、ターゲットマーカーを2つから5つに。2号には小惑星内部の物質を採取するための衝突装置（インパクター）があります。

　【ミッション機器】今度は水や有機物を持つ小惑星が相手。機器を少し新しくしました。

　その他こまごまとした違いはありますが、大まかな比較を表1にまとめました。次回は「はやぶさ2」の体の細かいところを紹介します。

	はやぶさ	はやぶさ2
本体の大きさ	1m×1.6m×1.1m	1m×1.6m×1.25m
重量（燃料込み）	510kg	約600kg
打ち上げ	2003.5.9／M-V	2014.11.30／H-ⅡA
目標小惑星	イトカワ（S型）	1999JU3（C型）
通信周波数	X帯（7〜8GHz）	X帯、Ka帯（32GHz）
ミッション機器	近赤外分光器、蛍光X線スペクトロメーター、マルチバンド分光カメラ、レーザー高度計、ミネルバ、サンプラー	近赤外分光器、中間赤外カメラ、光学航法カメラ、レーザー高度計、ミネルバⅡ、マスコット、分離カメラ、サンプラー
小惑星探査期間	約3ヵ月	約18ヵ月
試料採取	2回（表面のみ）	3回（表面と表層下）
地球帰還	2010.6.10、オーストラリア	2020年末、オーストラリア

1号と2号の大まかな比較

2014年10月10日

「はやぶさ2」のすべて（その6）スウィングバイ
──省エネルギーの加速

　「はやぶさ2」は打ち上がって軌道に乗ると、2015

2014

「はやぶさ2」の地球スウィングバイ（想像図：池下章裕）

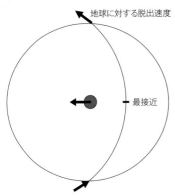

「はやぶさ2」の地球に対する進入速度

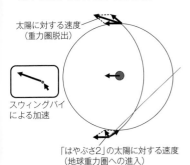

「はやぶさ2」の地球スウィングバイの原理

年末に「地球スウィングバイ」という難関が待ち受けています。それまで約1年間を地球と一緒に「つかずはなれず」の惑星間飛行をしてきた「はやぶさ2」を一気に地球に近づけて、加速するのです。その原理を紹介しましょう。

次頁上図に見るように、地球は太陽を回っています。次頁真ん中の図のように、「はやぶさ2」を太陽中心の軌道から地球の重力圏（影響圏）に進入させると、地球中心の軌道に入ります。双曲線軌道を描きながらどんどん速度を上げ、地球に最も近づく点（近地点）で最高速度に達し、もしブレーキをかけなければ、それまでと対称な軌道を通って再び重力圏の外へ脱出します。

地球の強力な重力を中心とする双曲線軌道の上で、再び脱出するときは進入時と大きく方向が変わりますが、実はスピードの大きさは全く変わりません。ただし、よく考えてみると、実は、変化しないのは地球に対するスピードであって、太陽から見た場合は変化しているのです。ここが肝腎です。左下図を見ながらじっくり考えてください。

地球の重力圏を外から、つまり太陽から見ると、地球は秒速30 kmで飛んでいるので、探査機の（太陽から見た）速さ（赤色矢印）は、その探査機の地球に対する速さ（青色矢印）に、地球自身の速さ（紫色矢印）を加えたものになります。

こうして地球の重力圏に入ってきた探査機のスピード（進入速度と脱出速度）を、太陽から見たスピードに換算すると、進入時に比べて脱出時のスピードはだいぶ大きくなっていることになりますね。

この事件を太陽から見ていると、地球の重力圏を通過しただけで、探査機はグイッと方向を変え、なおかつグンとスピードアップも行っているわけで、図4の左の黒い枠の中にその様子を描いてあります。これがスウィングバイの効果である。地球の重力と公転速度をちゃっかりいただいて、省エネルギーで大幅な加速をするわけです。さあここからいよいよ「はやぶさ2」は、一路小惑星を追いかけます。

2014年10月13日

火星に接近した太陽系最果てからの訪問者
―― サイディング・スプリング彗星

日本時間のさる10月20日、太陽系の一番外側にある「オールトの雲」からやってきた「サイディング・スプリング彗星」が、火星に大接近しました。ここまで50万年もの旅をしてきたんです。オールト雲というのは、太陽と地球の距離の5万倍も彼方、天文単位もの彼方にある彗星の巣です。太陽の重力が及ぶ最も外側に存在すると言われており、太陽系が誕生したときに残されたものです。

サイディング・スプリング彗星の火星接近（想像図、NASA）

ちょうど現在、火星のまわりにはNASAの探査機（オービターとローバー）が5機、ヨーロッパ1機、インド1機がいますから、観測の絶好のチャンスとばかり、一斉に通過していく彗星に観測を集中しました。彗星は、太陽から離れているときは氷の塊として石ころみたいに回っていますが、太陽に近づくと熱せられて、表面の氷が蒸発し、体が含んでいる塵と一緒に噴出します。そして彗星に特有の長い尻尾を作るのです。

ハッブル宇宙望遠鏡がとらえたサイディング・スプリング彗星（右が画像処理後）

今回やってきたサイディング・スプリング彗星は、初めて太陽に近づいたので、体からガスや塵が噴出するのは初めての経験だったのですね。だから、46億年前に太陽系ができたころの物質を生々しい姿で見せてくれたようです。

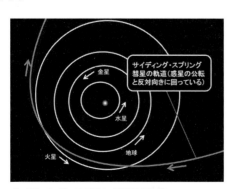

サイディング・スプリング彗星の軌道

火星表面から見るサイディング・スプリング彗星（想像図、NASA）

　火星にいちばん近づいたときは、表面からわずか13万kmだったそうで、これは地球からお月さままでの距離のわずか3分の1です。太陽に近づいて噴出した物質は、彗星の本体の周りに「コマ」と呼ばれる臨時の大気を形成します。そのコマの直径は16万kmくらいで、彗星の尾の長さは50万kmに達したと言われています。だから、接近時には火星が彗星のコマに包まれていたのですね。

　しかも、そのときの彗星のスピードは秒速56kmという凄さ。おまけに火星とは逆向きに回っていますから、そこから放出される塵が当たれば、「正面衝突」！だからたとえ0.5mmくらいの大きさのものでも大きなダメージを受けます。その衝撃をできるだけ小さくするために、探査機の身を守るための工夫をいろいろとしたみたいです。

　それから、いま火星表面にいて活動している2機のローバー（キュリオシティとオポチュニティ）は、彗星の塵が火星の空で流れ星になるのを眺めたことでしょう。いずれNASAの探査機たちがその調査・観測のデータを送って来るでしょう。楽しみに待ちましょう。

2014年10月23日

はやぶさ2のすべて（その7）
――小惑星に接近する光学複合航法

「はやぶさ2」のアンテナとカメラ

　2015年12月に地球スウィングバイで加速した「はやぶさ2」は、ターゲットである小惑星を追いかけます。「はやぶさ」が向かったイトカワは、行ってみるとピーナッツみたいないびつな形をしていて、一番長いところが540mくらいでした。「はやぶさ2」がめざす1999JU3も、本当はどんな形かわかっていないのですが、地上からの観測から、おそらくほぼ球形で、直径が900m程度と予想されています。いずれにしろ非常に小さい目標なので、航法の精度をうんと良くしなければなりません。そのために「はやぶさ」チームが開発した

のが「光学複合航法」です。「はやぶさ2」もそれを使います。

それは、光学航法と電波航法を組み合わせる方法です。「はやぶさ2」には、スタートラッカー（STT）、望遠カメラ（ONC-T）、広角カメラ（ONC-W）の3種類のカメラがあります。光学航法は、これらのカメラで目標小惑星をとらえ、その写真と星図を比べて小惑星の正確な方向をつかみます。他方、電波航法では、地球と「はやぶさ2」とを電波が往復する時間から、その距離を精密に求めます。この2つの情報を合わせて、「はやぶさ2」の位置をはっきりととらえることができるわけです。

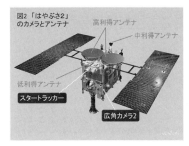

「はやぶさ2」のアンテナとカメラ

火星や金星のような、1000 kmをはるかに越えるような大きさの天体をめざす場合は、航法の誤差が数百メートルでもいいでしょうが、「はやぶさ」プロジェクトでは、目標の小惑星自体があまりに小さく数百メートルですから、誤差が数百キロメートルもあったら、到底ターゲットの近くまでたどり着くことはできません。こうして世界で初めて「はやぶさ」が本格的に採用した光学複合航法の精度は、非常に満足できるものでした。

「はやぶさ2」の追跡局の位置

地球から「はやぶさ2」までの距離を決めるための交信は、搭載している高利得・中利得・低利得アンテナの3種と、地上の大型アンテナです。地上のアンテナの主役は長野県臼田（定常運用）と内之浦（打ち上げ時）のものですが、加えてNASA（米国航空宇宙局、ゴールドストーン、キャンベラ、マドリード）やESA（欧州宇宙機関、ワイルハイム、マラルグエ）のアンテナなども強力に支援し、その追跡管制はJAXAの神奈川県相模原キャンパスで行います。

JAXA相模原キャンパスの「はやぶさ2」管制室

2014年10月30日

「はやぶさ2」のすべて（その8）
──小惑星に到着した「はやぶさ2」の観測

光学複合航法を駆使しながら目標に接近していった「はやぶさ2」は、2018年の夏に遂に小惑星のそばに

2014

「はやぶさ2」の小惑星接近（想像図、池下章裕）

初代「はやぶさ」が撮影した小惑星イトカワの表面（JAXA）

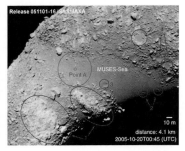

「はやぶさ」のときもいくつかの候補地があった．それでも最終的に着陸しやすい場所があってよかった（MUSES-Sea）．

到着します。スウィングバイなどで迂回したので、種子島で打ち上げられてからすでに3年半以上の月日が流れています。

そこで「はやぶさ2」は、小惑星とランデブー飛行しながら、カメラその他の機器を使って観測に精を出します。40数億年前に形成された小惑星1999JU3の相貌を研究するのです。それは太陽系が誕生して間もないころにどのような物質が存在し、地球や火星がどのような要素から形成されたのかについてのヒントを探ります。

初代の「はやぶさ」が小惑星イトカワに着いたときは、左のような画像をたくさん取得し、イトカワの表面をミリメートル程度まで見つめることのできるデータは、世界の人々を驚かせました。人類はこのとき、おそらくは地球ができたかどうかわからないような時期に太陽の近くにあった物質を、初めて仔細に目にしたのです。同時にそのイトカワの表面には、たくさんあると予想されたクレーターはなく、大小の岩や砂粒が寄り集まった「ラブルパイル」がイトカワの実体だと判明しました。

イトカワがそうであったように、実は「はやぶさ2」がめざす1999JU3も、出発時には点にしか見えていません。その詳しい形や表面の様子などは全くと言っていいほどわかっていないのです。だから、2018年に接近した「はやぶさ2」がジロジロと観測をして初めて、その姿が万人の前に曝されます。果たして、イトカワのときに私たちを驚かせたような表情を、小惑星1999JU3は見せてくれるでしょうか。興味津々ですね。

この観測をしながら、「はやぶさ2」は、サンプルを採取するための場所を探します。それは表面の様子から興味ある場所を見つける必要もあるでしょうが、着陸しやすい場所でもあることが必要ですね。うんと地表に傾斜があるようだと、「はやぶさ2」が着地したときにひっくり返ってしまいますからね。「はやぶさ2」は、3度着地してサンプルを採取するつもりなので、候補地は3ヵ所選ぶことになるでしょう。

さて第9回はいよいよクライマックスである着地の手順について述べることにしましょう。

2014年11月5日

アメリカでロケットの事故が続く
── 「アンタレス」と「スペースシップ2」

　10月29日（日本時間）、国際宇宙ステーション（ISS）に物資を運ぶ無人補給船「シグナス」を乗せたオービタル・サイエンス社のロケット「アンタレス」が、発射6秒後に爆発、炎上し、打ち上げは失敗しました。幸い死傷者はいなかった模様。「シグナス」には、約2.3トンの実験用機器や補給物資が搭載されていましたが、現在ISSには十分な食糧の蓄えがあり、当面の心配はありません。

発射直後に爆発・炎上したアンタレスロケット

　爆発した1段目は、ロシア製のケロシン／液体酸素エンジンを購入・改修したもの。NASA（米国航空宇宙局）は、ISSへの8回の物資輸送のための打ち上げをオービタル・サイエンス社に委託しており、今回が3度目の輸送。現場では、破片や焼け残った装置などの回収が必死に進められており、これから本格的な原因究明が行われます。

　そして11月1日（日本時間）には、ヴァージン・ギャラクティック社の「スペースシップ2」が、カリフォルニアのモハーベ砂漠からテスト飛行に飛び立ちましたが、飛行中に大破・炎上しました。テスト飛行なので乗客は乗っていなかったのですが、搭乗していた2名のパイロットのうち、1人が死亡、1人が重傷を負い病院へ運ばれました。

アンタレスロケットの外観

　スペースシップ2は、この日、まずホワイトナイト2という飛行機で高度約15kmまで運ばれ、そこで切り離されて単独飛行に移り、自身のロケットエンジンに点火したのですが、分離から6分後に飛行が異常となって大破しました。このロケットエンジンは、固体燃料の中に液体酸化剤を流す「ハイブリッド」方式で、取扱いが容易で安全性も高いものでした。ただし、今年5月に燃料を変更しており、多数回の地上燃焼試験を経て、今回はその新型エンジンの初飛行でした。なお、母機のホワイトナイトツーは無事に着陸しています。

スペースシップ2の炎上

2014

ホワイトナイト2に挟まれて上空へ運ばれるスペースシップ2

現場には10キロ四方にわたって機体、エンジン、尾翼などが散乱しており、調査を開始しています。回収されたカメラに、パイロットが翼の両端にある羽根を誤操作した模様が映っており、今後論議を呼びそうです。

スペースシップ2は、宇宙飛行士でない民間の人々を乗せ、高度100kmまで弾道飛行し、その間に約6分間の無重力状態を体験した後、地上に帰還する計画。搭乗料金が約25万ドル(約2,800万円)という高額ですが、すでに約700人以上が申し込んでいます。

現場に散乱する機体など

2014年11月14日

欧州が史上初の彗星着陸
—— 「ロゼッタ」から分離した「フィラエ」

「ロゼッタ」が撮影したチュリューモフ・ゲラシメンコ彗星

10年前に南米クールーの基地を出発し、60億km以上を旅して、今年8月に目標のチュリューモフ・ゲラシメンコ彗星に到達したヨーロッパ宇宙機関(ESA)の探査機「ロゼッタ」は、さる11月13日(日本時間、以下同じ)に着陸機「フィラエ」を彗星表面に着陸させました。彗星の表面に降り立った人工物はこれまで例がありません。

彗星の周りをじっくりと回りながら観察し、慎重に着陸地点(公募で「アギルキア」と命名)を選定し、11月12日午後5時35分に母機「ロゼッタ」から高度22.5kmで分離された着陸機「フィラエ」が降下開始、約7時間かけて降りて行き、13日の午前1時過ぎに着陸しました。

着陸後すぐに撮影した彗星表面の写真を送ってきてい

ますが、激しい凸凹のある地形ですね。実は、着陸直後に探査機の上面についているスラスターを噴かして「フィラエ」が跳ね上がらないように下に押し付けながら、表面に向けてハープーン（銛）を打ち込んで船体を固定する予定だったのですが、それがうまくいかず、着陸後に大きくバンドして、目標地点から 2 km くらい離れた場所にいるそうです。現在「フィラエ」は 3 本脚の 2 本だけが表面にあり、1 本は宙に浮いた状態になっていると見られています。現在、再度ハープーンを打ち込む作業をやるかどうかを慎重に検討しているところです。

降下するフィラエ（ロゼッタから撮影）

　正常に動き始めたら、バッテリー駆動によって、分光計や質量分析計などで表面の組成を分析しますが、メイン・バッテリーは 2.5 日の寿命なので、どれぐらい働けるでしょうか。以降は太陽電池などを使って 3 ヵ月くらいの観測を行う予定で、その中には、ドリルで深さ 20 cm くらいの穴を穿って、地下にある太陽系誕生まもないころの生々しいサンプルを採取して分析したりする仕事も含まれています。

フィラエが着陸後送って来た最初の彗星表面の写真

　彗星は、「はやぶさ」がサンプルを採って来た小惑星とともに、「太陽系の化石」と呼ばれ、惑星系誕生のころの体内に保存していると言われ、水を豊富に含む彗星と地球の海や生命の起源の関係についても注目が集まっています。今後の成果が楽しみです。

現在のフィラエの状態（想像図）

2014 年 11 月 18 日

「はやぶさ 2」のすべて（その 9）
──小惑星への降下手順

　いよいよ着地点を決めて、サンプルを採取するために高度 20 km くらいから降りていくことになります。落ちていくための手順を大まかに説明しましょう。
　降下のためには降りる力が必要です。火星や月に降りる場合は、重力で引っ張ってくれますが、小惑星 1999JU3 は重力が地球の 10 万分の 1 程度しかないの

2014

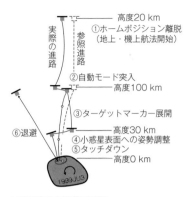

小惑星降下の標準の手順

「はやぶさ2」のレーザー高度計

ターゲットマーカー（下面に5つ並んでいる）

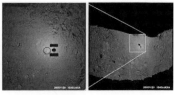

「はやぶさ」の影とイトカワ表面のターゲットマーカー

で、ちょっとしか引いてくれません。実はもう1つ大事な味方がいます。「はやぶさ」の頭上にある太陽の光です。世界初のソーラーセイル「イカロス」は太陽の光によって力を受けて太陽系を旅しているのを知っていますね。「はやぶさ2」にも、同じ力（太陽輻射圧）が働きます。

　この2つの小さな力を受けながら、「はやぶさ2」はゆったりと下降を始めます。そのスピードを微妙に調節するのは、機体に内蔵されている小さいロケットを使うガスジェットです。「はやぶさ2」の機体には12のジェット噴出口がついていて、それを適宜選びながら速度を制御しつつ降りて行きます。

　その際に、「はやぶさ2」と小惑星の表面との距離を見極める必要がありますが、これはレーザーを使った高度計で測ります。発射したレーザーが返って来るまでの時間から距離が計算できますね。かなり近いところまで来ると、レーザーを4本投射して、4つの地点までの距離を測れば、地面の傾きがわかるので、できるだけ平坦なところを選んで着地することになります。

　なお、着地のときに横方向の速度もできるだけゼロに近くします。そういしないと着地した途端にひっくり返ると困りますから。その横方向のスピードを加減する目安になる「ターゲットマーカー」（ソフトボール大の目印）をあらかじめ表面に投下しておいて、それにフラッシュを照射しながら、やはりガスジェットで横方向を制御します。

　厄介なのは、高度100mくらいまで降りると、地上から指令を送ったのでは、もう間に合わないので、途中からは「はやぶさ2」が、搭載したプログラムに沿って自律的に（勝手に）降下の手順を遂行するということです。そして着地と同時に遂にクライマックスを迎えます。サンプル採取です。その方法は次回に。（つづく）

2014年11月28日

「はやぶさ2」のすべて（その10）
——サンプル採取の方法

　さる11月30日、多くの人々の期待を担う「はやぶさ2」は、種子島宇宙センターから打ち上げられました。いよいよ6年、52kmにわたる旅の始まりです。

　今回は2018年夏に小惑星1999JU3に到着し、降下した後にサンプルを採取する方法について説明します。これは初代「はやぶさ」のときにいろいろ提案された中から、最も仕組みがシンプルで軽量かつ確実として選択された方法です。

　「はやぶさ2」の底面に突き出たサンプラーと呼ばれる円柱状のものがあります。降下していくと、真っ先に小惑星表面に接触するのは、このサンプラーの先端です。先端が着地してグニャッと変形したことを同じ底面についているレーザーで検知、同時に弾丸の発射命令が搭載コンピューターから送られます。

　サンプラーの中を通って表面に打ち込まれたタンタル（金属）製の弾丸が地表を砕き、そこから跳ね上がり、舞い上がったかけらや塵、ガスなどが、そのまま上昇してカプセルに収納されるという仕組みです。小惑星は重力がほとんどないので、舞い上がったものはなかなか再落下しないのです。

　この表面物質の採取を2ヵ所で行い、その後初代「はやぶさ」になかった「インパクター」（衝突装置）というものが底面から分離されます。それは落下途上で爆破されるのですが、そのときの破片が探査機を損傷されると困るので、「はやぶさ2」はいったん小惑星の陰に避難します。避難が確認されたら、指令によってインパクターを爆破し、銅製の大きめの弾が小惑星に激突し、人工的なクレーターを作るのです。

　こうしてできたクレーターの中心部には、小惑星内部から形成当時から保存されている物質がせり上がってくるので、それを再び接近したサンプラーで採取します（次頁の図）。小惑星表面は太陽の光や放射線などで「宇宙

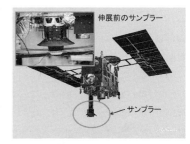

サンプルを採取するサンプラー

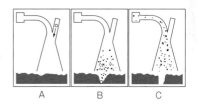

サンプル採取のメカニズム

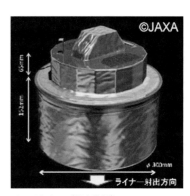

インパクター（衝突装置）

2014

風化」を起こして変化しているのに対し、内部の物質は40数億年間変化しないままなので、本当に新鮮な（ということは最も古い！）ままのサンプルなのです。そしてここから、「はやぶさ2」の故郷の星へ帰る旅が開始されるのです。

着地して内部物質を採取する「はやぶさ2」（想像図）

2014年12月5日

「はやぶさ2」順調に旅立ち

「はやぶさ2」を搭載したH-ⅡAロケット26号機の打ち上げ（種子島宇宙センター）

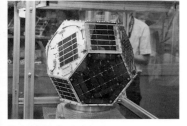

超小型衛星「しんえん2」

12月3日午後1時22分4秒、種子島宇宙センターからH-ⅡAロケットが打ち上げられました。搭載しているのは小惑星サンプルリターン機「はやぶさ2」。上空には雲が低く垂れこめていましたが、雲間を縫って、固体ロケットブースターの分離は確認できました。当初11月30日に予定された打ち上げは、雷雲が予測されるところから12月1日に延期され、強風によって12月3日の発射に至ったものです。綺麗な打ち上げでした。

ロケットは、発射後1時間47分21秒に「はやぶさ2」を正常に分離し、「はやぶさ2」はいよいよ6年間の一人旅に出ました。「はやぶさ2」からの電波は、小笠原追跡局、クリスマス島の追跡局でとらえられた後、地球の裏側へ消えていきましたが、午後3時44分、カリフォルニアのゴールドストーン局の70mアンテナが、「はやぶさ2」から放たれた電波を受信しました。

その結果、「はやぶさ2」の初期運用の目玉である、太陽電池パネルの展開、太陽捕捉制御、サンプラーホーンの伸展など、一連のシーケンスが正常に行われたこと、「はやぶさ2」が予定通りの軌道に投入されていることを確認しました。「はやぶさ2」は順調な滑り出しをしたようです。よかったですね。

なお、「はやぶさ2」を分離した後（発射の約2時間

後)、H-ⅡAロケットからは、日本各地の大学がそれぞれ製作した3機の超小型衛星が、数分おきに次々と切り離され、予定の軌道に乗ったことが確認されています。

　最初に分離したのは、九州工業大学・鹿児島大学の「しんえん2」。月の軌道周辺や、より離れた「深宇宙」と地上との通信実験に取り組みます。つづいて多摩美術大学と東京大学のコラボで進めているアートサット・プロジェクトの「深宇宙彫刻デスパッチ」、そして最後に、遠い宇宙での通信や姿勢制御の装置の動きを試す、東京大とJAXAなどが開発した「プロキオン」。「プロキオン」は、打ち上げ後に分離されたときにカメラに映っていなかったのですが、のちに通信によって分離が確認されたそうです。

深宇宙彫刻「デスパッチ」

超小型深宇宙探査機「プロキオン」

「はやぶさ2」の旅立ち（池下章裕）

2014年12月13日

 # はやぶさ2のすべて（その11）
——復路と地球帰還

　さる12月3日に打ち上げられ、順調に予定のスケジュールをこなしている「はやぶさ2」ですが、2018年夏に小惑星1999 JU3に到着し、そのそばで観測やサンプル採取の仕事を続けます。その後宇宙空間の所定の方向に向けて、イオンエンジンを噴かし、地球に戻る

軌道に乗ります。それは2019年11月〜12月の予定。

順調にいけば地球のすぐそばまで戻るのが2020年11月〜12月。オーストラリア上空にやって来た「はやぶさ2」は、大気圏再突入の直前に、小惑星のサンプル入っているカプセルを本体から分離します。カプセルは、秒速12 kmを越える猛スピードで大気圏に突っ込んできます。その際、前面の空気は、横に逃げる間もなくドーンとカプセルに衝突し、急激に圧縮されて、優に1万度以上の高温になります。

カプセルの表面も3000 ℃くらいになるはずです。カプセルは、大切なサンプルの入っているサンプル容器を内蔵しているので、この高温からサンプルを守らなければなりません。現在人類が保有している材料で、これほどの熱に耐え切るものはないのです。「はやぶさ2」では、CFRP（炭素繊維強化プラスティック）という素材を用いて、自分は溶けながら首の皮一枚を残して内部を守る「アブレーション」という方式を採用します。

カプセルは、このアブレーションに守られながら大気中を飛翔し、最後はパラシュートを開いて減速しながら、オーストラリアの地上へ緩降下して回収されます。さて、そこから日本へ送られたカプセルの容器から、地球の起源、生命の起源の研究を躍進させる、どんなサンプルが見つかるか、6年後を楽しみにしましょう。

「はやぶさ2」の本体には、耐熱の装備は施されていません。だから大気圏突入の直前にカプセルを分離した後は、ガスジェットを噴いて地球重力の外へ放り出す予定です。そして新たな目標に向かって旅立ちます。その行く先は？　それはこれからゆっくり時間をかけて議論して決めます。

長かった「はやぶさ2」のシナリオも、これで一段落です。ここまでのスリルに満ちた冒険に、今からみなさんと一緒にワクワクしながら出かけることにしましょう。（完）

初代「はやぶさ」で炭化した熱シールドの前面

初代「はやぶさ」で回収したサンプル容器

「はやぶさ2」の帰還とカプセル分離（想像図：池下章裕）

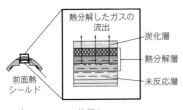

アブレーションの仕組み

地球の海の水はどこから来たか？
—— 「ロゼッタ」の観測でヒント

2014年12月15日

　ヨーロッパの彗星探査機「ロゼッタ」のデータから、地球の海の起源に関して貴重なヒントが得られた模様です。

　これまでは、約46億年前に地球ができたころに大量に降って来た彗星に含まれていた水が、地球の海の水の重要な起源と考える人も多かったようです。彗星の本体は、「汚れた雪玉」とも呼ばれるように、ダストを含んだ大きな氷の塊です。できたての地球にいっぱい降ってきたという事実があれば、その氷が、地球の海の水の重要な供給源になったという説は、ごく自然な考え方ですね。

「汚れた雪玉」から噴出する水蒸気やダスト（ハレー彗星、1986年）

　水蒸気（水）は水素と酸素からできていますが、通常の水素に中性子が付いた重水素がわずかに含まれています。重水素がどれくらいの割合で含まれているかがわかると、その水がどこで作られたかについて、重要な手がかりとなります。

　「ロゼッタ」が今年8月にチュリューモフ・ゲラシメンコ彗星に接近したとき、この彗星からまわりに向けて放出された水蒸気のデータを、「ロゼッタ」が獲得しました。ヨーロッパの科学者たちが分析した結果、チュリューモフ・ゲラシメンコ彗星から出た水蒸気に含まれている重水素の割合は、地球の海の水と比べると、3倍以上も多かったそうです。

探査機「ロゼッタ」とチュリューモフ・ゲラシメンコ彗星

　実はこれまでにも、水蒸気に含まれる重水素の割合を地球の海と比較した彗星が11個あります。そのうち、地球の海とほぼ一致しているのは1個だけでした。ところが、彗星と同様に「太陽系小天体」に分類されている小惑星に含まれている水は、これまでの分析によると、地球の海と重水素の割合が大体一致しているのです。

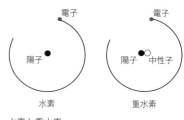

水素と重水素

　こうした分析から、1つひとつの小惑星に含まれている水は、彗星よりは格段に少ないのですが、出来立ての地球に無数に衝突したため、膨大な量の水を提供し、地

2014

原始の地球に降り注ぐ小惑星

球の海の形成につながったというストーリーが生まれています。これからまだまだ証明すべき課題はいっぱいありますが、さる12月3日に打ち上げられたばかりの「はやぶさ2」が向かっている小惑星1999JU3の調査結果も、このストーリーの解明に大きな役割を果たすでしょう。

2014年12月16日

2014年の「宇宙」を振り返る

NASAの次世代宇宙船「オライオン」

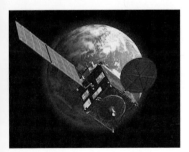

新型気象観測衛星「ひまわり8号」

今年も宇宙をめぐってはいろいろなことがありました。まず年初めには、NASA（アメリカ航空宇宙局）が、ワシントンに宇宙関係各国を集めて、将来の宇宙への取り組みを相談するISF（国際宇宙探査フォーラム）を開催しました。ここでは、共同の最終目標として火星有人探査、近い目標としてISSの延長が議論されました。

4月には、ウクライナの情勢が悪化し、NASAが、ISS以外のロシアとの宇宙協力を中断するという事態に。各国の宇宙戦略が新しい動きを見せる中で、各分野の活動も活発に実行されました。NASAの次世代の有人宇宙船「オライオン」が、1月のパラシュートテストに始まって、年末には無人のテスト飛行に成功。新たな

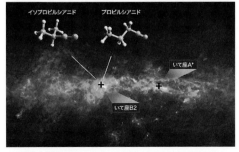

ALMAが星間空間に発見した枝分かれした有機分子

時代の息吹を感じさせました。ISS では日本の若田光一さんが、アジア人としては初めて船長を務めました。10 月にアメリカの民間の宇宙船「シグナス」を運ぶアンタレースロケットが発射直後に爆発。

地球を宇宙から見る衛星活動もますます精力的に行われています。日本のものだと、
GPM（2 月）、だいち 2 号（5 月）、ひまわり 8 号（10 月）など。

宇宙をめぐるビジネスも盛ん。特に民間の人々を気軽に宇宙へいざなう「宇宙旅行」は、来年をめざして努力が続けられていましたが、10 月末に、最有力だったスペースシップ 2 が空中で大破し、旅行の開始は先送りとなりました。

冥王星をめざしている「ニューホライズン」

チリ高地の電波望遠鏡群 ALMA は、予想通り素晴らしい発見のラッシュをもたらしています。他方でハワイに次世代宇宙望遠鏡 TMT の建設が開始。南極の望遠鏡が、重力波の証を発見したと発表し注目を浴びましたが、その後この議論には慎重論が。

惑星探査は今年も花盛り。最も華やかなのは火星で、NASA の「キュリオシティ」をはじめとする探査機群は健在。今年は新たにアメリカの MAVEN とインドのマンガルヤーンが仲間に。土星を周回するカッシニは土星本体と並んで、その魅力ある衛星たちの姿をあばいているし、大型小惑星を探査するドーン、冥王星に向かうニューホライズンなども引き続き、数々の画像・データを送ってくれています。8 月にはヨーロッパの「ロゼッタ」が、史上初めて着陸機「フィラエ」を彗星表面に降ろし、12 月 3 日に、日本の「はやぶさ 2」の新しい旅路が始まったことはご承知の通り。それではよいお年を！

2015

2015年1月5日

2015の宇宙展望

油井亀美也宇宙飛行士（JAXA）

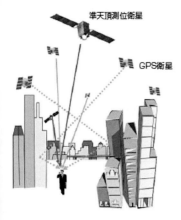

準天頂衛星とGPSのシステム（JAXA）

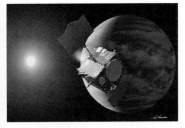

金星探査機「あかつき」（池下章裕）

あけましておめでとうございます。

現在のISS（国際宇宙ステーション）は、2020年まで運用することになっており、アメリカはそれを2024年まで以降にどのような宇宙活動の国際協力をするかの議論が、正念場を迎える年になるでしょう。アメリカは使おうと各国に呼びかけています。そして2030年代の実現をめざして火星有人飛行を国際協力でやろうという大目標を掲げています。しかし火星有人飛行の前にどのような準備をするかについては、まだ世界の足並みがそろっているとはいえません。まず月面基地を建設することが必要と言っている意見や小惑星を探査することが先決という考え、いやすぐに火星をめざす活動に入るべきという主張など、さまざまな議論がされています。今年はその議論が大いに煮つまる年になりそうです。

ISSへ有人宇宙飛行士たちを運ぶ仕事は、依然としてソユーズに頼ることになります。これまでの連続宇宙滞在記録は、ロシアのポリャコフさんの438日（宇宙ステーション「ミール」ですが、現在のISSで今年は飛行士の1年間の宇宙滞在が開始されます。また、昨年の若田さんにつづいて、今年の5月には、日本の油井亀美也飛行士がISSで半年間の仕事に挑みます。イギリスの有名な歌手サラ・ブライトマンさんが秋ごろにISSへ行くという話題もありますよ。

ロシアのロケット発射場が極東のボストーチヌィに新設されており、今年はそこから月探査機「ルナ・グローブ」が打ち上げられます。日本では、あの「イプシロン」ロケットの2号機が打ち上げられる予定で、世界の大きな関心が集まっています。実用衛星では、昨年打ち上げられた静止気象衛星「ひまわり8号」が7月ごろに本格運用に入りますし、日本版の地球測位システム（GPS）の「みちびき」（準天頂衛星）が4基体制を実現することになっています。

宇宙科学・惑星探査分野では、まず8月に金星探査

機「あかつき」の金星周回軌道への再挑戦が予定されており、11〜12月には「はやぶさ2」の地球スウィングバイが行われます。NASAの探査機「ニューホライズン」が2月に冥王星の探査を開始、7月のフライバイを経て、データを地球に送信しつつ、次のカイパーベルト天体へと向かいます。なお、探査機「ドーン」も、小惑星帯の準惑星ケレスを観測します。

今年の天文現象としては、4月4日の皆既月食、6月15日の水星食など。

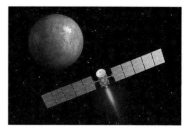

探査機ドーンと小惑星ケレス（NASA）

2015年1月9日

冥王星に迫る「ニューホライズンズ」
—— 2月から探査開始

2006年8月24日にチェコのプラハで開かれた第26回国際天文学連合（IAU）総会において、冥王星は「惑星」の資格を失いました。実はアメリカ人が発見した唯一の惑星だっただけに、今でもそれを惜しむ声は多いようです。ただし、惑星から「準惑星」になったからと言って、冥王星を研究することが、私たちの太陽系の起源と進化の歴史を突き止めるのに、非常に重要なカギを握っていることは言うまでもありません。

その冥王星まで、2006年に打ち上げられたNASA（米国航空宇宙局）の探査機「ニューホライズンズ」が、あと一歩のところまで迫っています。冥王星の向こうには、カイパーベルト天体という、これまた興味ある天体がたくさん見つかっており、「ニューホライズンズ」はこれらの太陽系外縁天体を人類史上初めて探査すべく、旅を急いでいます。

ニューホライズンズの本体の重さは465 kg（推進剤77 kg含む）。アトラスVロケットによって史上最高の秒速約16 kmで打ち上げられた後、9時間で月軌道を通過、13ヵ月後に木星スウィングバイしました。その際、木星表面や衛星エウロパ、ガニメデ、イオなどを撮影して地球へ送ってきました。

ニューホライズンズがとらえた木星の衛星イオの活火山（口絵31）

冥王星とその衛星カロン（NASA）

2015

探査機ニューホライズンズ（想像図、NASA）

昨年8月に海王星の軌道を通過したニューホライズンズは、すでに冥王星のすぐ近くまで来ており、1月15日から観測を開始する予定です。そして2月半ばから本格的な探査を始めて、4月の後半ごろには、その画像の画質が、あのハッブル宇宙望遠鏡の最高品質のものと同じくらいになるそうですよ。6月にすべての科学機器が常時観測体制に入った後、7月14日に冥王星に1万4000kmくらいまで接近し、冥王星とその衛星カロンのクローズアップ写真を撮影します。

あまりに遠いので、通信速度が非常に遅いため、大容量のフラッシュメモリーを載せており、冥王星探査で取得したデータはメモリに蓄積して、数ヶ月かけて地球へ送り届けます。だから、8月に探査を終える冥王星関連のデータがすべて地球に届くのは来年の4月になるのですが、探査機自体は、さらに遠くへ旅を続行し、2016年から2020年ごろまで、カイパーベルト内の太陽系外縁天体を観測した後、太陽系を脱出の途に就きます。

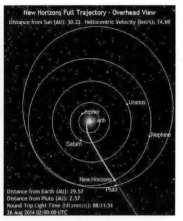

ニューホライズンズの軌道

2015年1月14日

 ## 軟着陸は果たせず—ファルコン9の第1段ロケット

ファルコン9の打ち上げ軌跡

さる1月10日に「ファルコン9」ロケットによってフロリダ・ケープカナベラルから打ち上げられた補給船「ドラゴン」は軌道に乗り、すでにISS（国際宇宙ステーション）に把持されドッキングに成功しました。

現在世界で使われている打ち上げロケットは、すべて使い捨てになっていて、打ち上げごとに新しいロケットが飛び立っていきます。みなさんもご存知の通り、2010年に引退したスペースシャトルだけは、宇宙へ行って帰ってきて、再使用できる宇宙往還機でした。ま

たその固体ロケットブースターはパラシュートを使って海上で回収、再使用しました。

　スペースX社は、ロケットを使い捨てタイプではなく再使用タイプにすることによって、打ち上げコストを現在の100分の1くらいに下げる計画を持っています。実はこうした努力は、日本でも細々ながら以前から続けられていて、宇宙科学研究所が秋田の能代実験場で同じような実験をしたこともあります。

ISSに把持された捕球船「ドラゴン」

　スペースX社は、将来は第1段・第2段ロケットの双方を再使用にしたいと考えているのですが、今回のファルコン9ロケットの打ち上げに際し、まずは第1段だけを、切り離し後に制御しながら降下させ、フロリダ沖320 kmの海上に設けたプラットホームに垂直に軟着陸させることに挑戦しました。しかし残念ながら今回は激しくぶつかる着陸（硬着陸）になり、機体が粉々に壊れてしまいました。

　飛翔後の解析によって、制御用フィンを動かす「油」が切れたために、操舵がうまくいかなかったことが判明しています。スペースX社のイーロン・マスク社長は、「1ヵ月後くらいに、油を5割増しにして再挑戦する」と言っています。

宇宙科学研究所の再使用ロケット実験（秋田・能代）

　これまで小型の「グラースホッパー」という機体でテストしていた再使用計画を経て、今回ファルコン9そのものを使ったテストに進んだわけですが、新しい技術に挑戦していく姿は、実に私たちを元気づけてくれます。再使用ロケットの登場は、将来の私たちの宇宙旅行の値段を劇的に下げてくれるに相違ないので、世界中の人々の期待を背負ってるわけで、その大いに楽しみにしましょう。

軟着陸したグラースホッパー

2015

2015年1月21日

探査機「ドーン」、準惑星ケレスまで1ヵ月半

探査機ドーン

(ドーンの軌道)

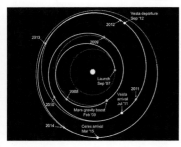
「ドーン」がとらえた小惑星ベスタの表面

ケレス(左がドーンの撮影、右は想像図)

「ドーン」という名のNASA(米国航空宇宙局)の探査機が、火星と木星の軌道の間にある小惑星メインベルトと呼ばれる空間を飛んでいます。2007年9月にデルタIIロケットによって打ち上げられ、イオンエンジンで加速しながら、2011年7月15日に、メインベルトにある準惑星ベスタの周回軌道に入りました。ベスタは、将来準惑星に分類される可能性のある小惑星です。それから約1年にわたって観測し、この天体の詳細な姿を明らかにしました。

「ドーン」の目的は、太陽系の初めのころの状態を残していると思われる2つの大きな天体(ベスタとケレス)を調べることです。これまでの研究によって、ベスタと準惑星ケレスは、太陽系内の今の場所ではない別々の場所で生まれたと考えられ、それに応じた違いがいくつも見られます。ケレスは、できたころに地下水による「冷たく湿った」状態に出会っており、ベスタは、マントルや核などの内部構造を持ち、また表面の火山活動の形跡などから「熱く乾いた」状態に出会ったと考えられているのです。

「ドーン」は、2012年9月にベスタの近くを出発した後、すでに準惑星ケレスの近くまで来ており、地球と月の距離(約38億km)から、この準惑星の姿をとらえています。そして3月6日にはケレスのそばまで到着し、太陽系初期の研究にとって魅力的な、約950kmの大きさのこの天体について約1年半にわたって周回しながら観測を続けます。

その後の計画は未定ながら、あるいは延長ミッションとして、他の小惑星(たとえばパラスなど)の観測を行うかもしれません。なお、ケレスは、19世紀の初めの日(1801年1月1日)にシチリア島パレルモ天文台の台長ジュゼッペ・ピアッツィによって、最初の小惑星として発見され、ローマ神話に登場する豊穣の女神ケレース(Ceres)に由来して命名されました。またベス

タは同じくローマ神話のかまどの女神ウェスタ（Vesta）の名をとったものです。

2015年1月26日

探査機「ロゼッタ」が見た彗星の真の姿

　彗星（ほうき星）は、「汚れた雪玉」と呼ばれ、「基本的には氷の塊で、そのあちこちにダストと呼ばれる宇宙の塵が混じっている」と言われていました。

　彗星は太陽のまわりを細長い軌道を描きながら回っています。太陽から遠いときには、石ころみたいに運動しているだけですが、太陽に近づくとその熱であぶられ、表面の氷が溶けて水蒸気になり、表面から水以外の成分も含んだジェットとなって噴き出します。その際にダストも一緒に流れ出します。

　表面から出たガスやダストは、太陽の影響で2本の長い尾を形づくります。このたびチュリューモフ・ゲラシメンコ彗星に近づいたヨーロッパの探査機ロゼッタは、太陽に近づく途上の彗星の活動の様子を史上初めて鮮明にとらえることに成功しています。

　1980年代に76年ぶりに太陽に接近したハレー彗星は、人類が初めて探査機を送った彗星で、日本も「さきがけ」、「すいせい」という2機の探査機を送って、国際的な共同観測に大きな貢献をしました。そのときに、彗星の核（本体）の姿をヨーロッパの探査機「ジオット」が撮影し、彗星表面の凸凹の構造的に弱い部分から、太陽にあぶられて噴き出すジェットの様子がよくわかりました。それはハレー彗星から500km以上離れたところから、そう速度60km/秒以上ですれ違いながらの写真でした。

　「ロゼッタ」は、もっとうんと近くから、ランデブー飛行しながら撮影していますから、うんと鮮やかに表面が写っています。岩山や砂漠みたいな地形があるし、表面の裂け目もよく見えますね。急な崖があって、表面に極端なくぼみもあります。

ヘール・ボップ彗星の2本の尾

「ジオット」がとらえたハレー彗星（1986年）

2015

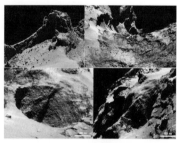

ロゼッタが撮影した彗星表面

　この彗星は2つのかたまりが細い首のところでつながったような形になっていて、大きい塊の方が長さ4.1 km、小さい方が2.6 kmだそうです。このような複雑で奇妙な地形が、彗星の成分やガスの噴出の様子とどういう関係があり、どのように作られていったのか、これからの観測で詳しく解き明かされていきます。楽しみですね。

チュリューモフ・ゲラシメンコ彗星

2015年2月6日

タイタン着陸から10年——ホイヘンスの代表的成果

ホイヘンスがタイタンの大気を降下する様子

　NASA（米国航空宇宙局）の探査機カッシーニから「ホイヘンス」というヨーロッパの観測器が放出され、土星最大の衛星タイタンの分厚い大気に突入したのは10年前。ホイヘンスはそれから2時間もかけてタイタンの大気中を降下し、最後はパラシュートを使って表面に着陸。地球以外の惑星の衛星に着陸した世界初の快挙でした。

　それから10年。地球のむかしの大気みたいな大気に包まれているとも言われる、謎に包まれたタイタンの驚くべき姿を、たくさん届けてくれました。その代表的な成果。

　【湖と海】タイタンには湖や海がありました。ただし地球のように水ではなくて、メタンやエタンという物質

の液体で満たされています。タイタンの雲からは、メタンやエタンの雨が降ります。タイタンでは、海と空・大気の間に、大規模なメタンの循環があります。

【有機物を含む砂の海】地球上のアラビア砂漠のように、タイタンの暗い赤道地帯に広く砂丘が広がっています。この砂は、地球のようにケイ酸塩でできているのではなく、空から降って来るメタンなどの炭化水素に覆われた水の氷ばかりが、1〜2kmの幅で数百kmの長さで100mの高さで続いているというのです。

【タイタンの海の深さ】タイタン表面で見つかっている海で2番目の大きさをもつ「リゲイアの海」は、深さが170mです。地球以外で海の深さが測定されたのは、これが初めて。メタンばかりでできているので、電波が通りやすかったので、測定も容易だったそうです。

【川の流れ】ホイヘンスが降下中に撮影した画像（右下の写真）には、川の流れと氾濫原が写っていました。台地に溝がたくさんできていて、何かが流れたような地形です。狭い流れが太い川になり、やがて広々とした低地に流れ込んでいます。地球とよく似ていますね。

【地下の液体の海】カッシニの重力測定によって、タイタンは液体の水／アンモニアの海が地表面の下にあるらしいのです。何だか生き物がいるような気がしてきました。

タイタン表面に着陸したホイヘンス（想像図）

ホイヘンスが着陸後に最初に届けた画像

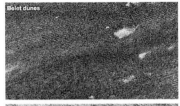

タイタン表面の砂丘

ホイヘンスが降下中に見たタイタンの地形

2015

2015年2月13日

ヨーロッパの宇宙往還実験機成功

IXVを搭載したヴェガ・ロケットの打ち上げ

太平洋上で回収されたIXV

フラップとガス噴射で制御しながら飛行するIXV（想像図）

ヨーロッパ宇宙機関（ESA）はさる2月11日、再使用が可能な宇宙往還実験機（IXV）をヴェガ・ロケットに搭載し、南アメリカ・クールーにあるギアナ宇宙センターから打ち上げました。国際宇宙ステーションの高度あたりまで上昇したIXVは、その後大気圏に再突入し、最後はパラシュートで減速して太平洋上に着水して回収され、ミッションは成功しました。

スペースシャトルが引退した後、世界の宇宙への打ち上げは、すべて「使い捨てロケット」によって実施されています。これだと打ち上げごとに数十億円以上もする新しいロケットを作らなければならないので、もったいない気がしますね。そこでヨーロッパの国々が共同で、再使用可能な宇宙往還機を建造する計画を進めています。

その実験機がIXVです。IXVの大きさは全長5m、重量2トンで、高度340kmでヴェガ・ロケットから切り離され、412kmまで上昇した後に降下を始めました。シャトルのように翼はついていませんが、多くの実験を積み重ねて開発した「リフティング・ボディ」という形状の本体は揚力を発生します。そして尾部に開いた2枚の板（フラップ）とガスジェットの噴射によって安定を保ちながら、超音速から音速へと減速していき、高度120kmあたりで秒速7.5kmまで速度を落としま

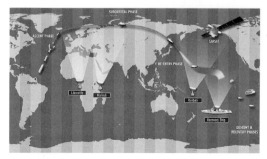

IXVの飛行シナリオ

た。その後パラシュートを展開し、大気中をゆっくり降下し、予定通り太平洋上に無事着水しました。

　将来は、この IXV とほぼ同じ形状の往還機を打ち上げて地球周回軌道に運び、地上に帰還させるつもりですが、今回の飛行は、軌道から戻るときとほぼ同じ状況を実現したので、今後の開発にはずみがつくものと思われます。

　宇宙往還機が実用になると、ロケットが再使用できてコスト面で助かるというだけでなく、衛星を軌道上から回収したり、「はやぶさ」のように他の天体からサンプルを持ち帰ったり、さらには有人飛行への適用など、さまざまな用途に活かされるでしょう。未来の宇宙への道に非常に大きな展望を拓いてくれた実験飛行でした。

2015年2月17日

ペール・ブルー・ドット 25 周年
──ボイジャーのファイナル・ショット

　今から 25 年前、私たちの太陽系の中ではありますが、私たちからずっと遠くを旅している人工物体がありました。1977 年に地球を出発した「ボイジャー 1 号」という探査機です。もう地球からの距離が 60 億 km 以上にもなって、現在最も外側の惑星となっている海王星の軌道も過ぎました。ボイジャー 1 号を見守り続けている科学者たちは、「もうこれが惑星たちの見納めになるかも知れないな」と考えました。

　そこで彼らは、これまで旅してきた後ろを振り返り、カメラを巧みに操って、1 つひとつの惑星のポートレートを撮り始めました。みなさんはそれらの惑星をよく

ペール・ブルー・ドット（口絵 32）

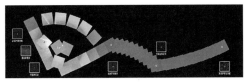

ボイジャーのファイナル・ショット

知っていますね――水、金、地、火、木、土、天、海。

　私たちの星、第三惑星「地球」を視野におさめたのは、1990年2月14日のことでした。その地球だけクローズアップすると、前頁の写真（口絵32）のような画像として私たちに送られてきたのです。太陽の光の反射が宇宙空間の塵を通してはるばると届いた、この頼りない地球は、アメリカの天文学者カール・セーガンによって「Pale Blue Dot（青白い点）」と呼ばれ、人類の宇宙進出の歴史の中で、最も重要な写真の1枚と考えられています。

　この写真の25周年にあたって、セーガンのコメントを味わってみましょう。

　――これが故郷で、私たちがいる。この点の中で、あなたの愛したすべての人たち、知り合いの全員、今まで耳にしたことのあるすべての人たち、人間ならばどこの誰であろうと、ここに生きてきた。（中略）すべての人類の歴史がここにある。（中略）この惑星は、大きく暗い宇宙空間の中にひっそりと存在する、孤独な"しみ"でしかない。こうも広大な宇宙の中でぼんやりとしていては、人類が人類を救うきっかけは外からは来ない。（中略）私にはこの点が、より親切に互いを思いやり、色褪せた碧い点を守り大事にすべきだと、そう強調しているように思えてならない。（カール・セーガン、1994）――

　あらためて、他の惑星と一緒に前頁下の写真を見てください。これらは「ボイジャーのファイナル・ショット」と呼ばれています。

2015年2月25日

 ## 「あかつき」、金星周回軌道への再挑戦

　今年12月7日、日本の探査機「あかつき」が、金星周回軌道への投入に再び挑戦します。5年前の2010年5月に種子島宇宙センターから打ち上げられた金星探査機「あかつき」は、同年12月7日、金星周回軌道に入

るためにメインエンジンの噴射を開始しました。再び金星の重力の外へ脱出しないよう、ブレーキをかけるための逆噴射です。しかしエンジンのノズルが壊れ、噴射がわずか3分たらずで中断されたため、金星を回る軌道に入ることができず、再び金星の重力を脱出して太陽中心の軌道を回り始めました。

それ以降は、姿勢制御用エンジンを使って軌道を調整しながら、再び金星に接近するチャンスを待っていましたが、このほど条件が整い、金星周回軌道への投入に再挑戦することになったものです。壊れたメインエンジンは使えませんから、姿勢制御用の4基のエンジンを約20分間噴射させることによってブレーキをかけ、金星をまわる長楕円の軌道に入れる予定です。

制御用エンジンは20%くらいの力しかないので、2010年に予定した軌道（周期30時間）よりはかなり大きな軌道（周期8～9日）になってしまいますが、搭載している科学機器は幸いすべて順調に作動することが確かめられており、新たな軌道において最大限の観測に挑むことになります。

新たな軌道は、連続して金星を包む大規模な現象全体を長時間撮影するなどの利点がある反面、高解像度で撮影が困難であったり、また一部の機器には熱による不具合などの影響が出る可能性も指摘されています。

もしこの軌道投入に成功した「あかつき」には、3ヵ月くらいかけて機器のチェックを実施し、2年から4年

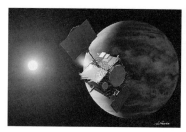

金星探査機「あかつき」

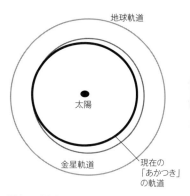

現在の「あかつき」の太陽周回軌道

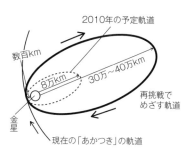

「あかつき」が再挑戦でめざす周回軌道

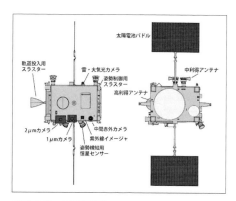

「あかつき」の機体構成

にわたって、大気の動きを観測する予定です。金星周回が遅れたことは残念ですが、2014年暮れに運用を終えたヨーロッパの金星探査機「ビーナス・エクスプレス」の最新成果を活かしながら観測に入ることができます。チームの健闘を祈りたいものですね。

2015年3月2日

日本の民間チーム「ハクト」——月面到達の賞金レース

ハクトチーム

「ハクト」チームのロゴ

テスト走行するハクト

民間の力で月面に到達するコンテストが進行中です——「グーグル・ルナーXプライズ」。Xプライズ財団がグーグルの協力のもとに実施しているもので、勝利の条件は、①月面に着陸して500m以上走行する、②移動前と移動後に撮影した高解像度の動画などを地球に送信する、③民間資金で2016年末までに達成する。最初にやり遂げたチームに2000万ドル、2番目のチームには500万ドル。他にも、アポロ宇宙船の着陸地点を撮影したら最大400万ドル、水を発見したら100万ドルなどのボーナスも。賞金総額は実に3000万ドル。

参加するには、月面に降下するランダーと降りた後に移動するローバーを開発し、それらを打ち上げるロケットを準備しなければなりません。この賞金レースに、日本から唯一参加しているのが「ハクト」チーム（代表：袴田武史）。「ハクト」は、小惑星探査機「はやぶさ」の開発にも携わった東北大学の吉田和哉教授やベンチャー企業経営者などが参加し、「ムーンレイカー」という4輪ローバー（8kg）を開発中。上部に全方位カメラを備えています。他に「テトリス」という2輪ロボットも開発し、この2機態勢でその探査を狙うという野心的な計画です。

ムーンレイカーとテトリスは、2016年後半にアメリカ・フロリダのケープカナベラルから、スペースX社の「ファルコン9」ロケットで、同じレースに参加するアストロボティックの「アンディ」と同乗して打ち上げられます。ハクトとアストロボティックはライバル関係

にありますが、一緒に月面の「死の湖」に降り立ち、その後、レースの条件である 500 m 以上の走行や鮮明な映像の送信などをめざすわけです。どちらかのチームがミッションを達成したときは、優勝賞金は 2 チーム間で分け合うそうです。

着陸予定の「死の湖」には、日本の探査機「かぐや」が見つけた、地下の溶岩トンネルにつながる「縦孔」が存在すると考えられています。その存在を発見することができれば、月面の厳しい環境から身を守る天然の月面シェルターとして、将来大いに活用できるかも知れません。

ムーンレイカーとテトリスをテザーで結んだエンジニアリングモデル

2015 年 3 月 7 日

探査機ドーンが準惑星ケレスの周回を開始
―― 4 月から本格観測

探査機「ドーン」は、2007 年に NASA（米国航空宇宙局）が打ち上げた小惑星探査機です。2011 年から 2012 年にかけて小惑星ベスタを探査し、その周回軌道を離脱後にケレスを目指してきましたが、このたびその周回軌道に投入されました。実は今年の夏には、はるか彼方の冥王星に探査機「ニューホライズン」が到着します。冥王星とケレスはいずれも 2006 年に「準惑星」に分類されており、太陽系の 2 ヵ所で、史上初となる準惑星探査が並行して進められるわけです。

探査機ドーン（想像図、NASA 提供）

ケレスは、19 世紀の最初の日（1801 年 1 月 1 日）に発見された小惑星で、火星軌道と木星軌道の間の小惑星メインベルトにあります。つまり数十万個も発見されている小惑星の第 1 号で、直径 950 km。最大の小惑星だからいちばん早く見つかったんでしょうね。

現在のドーンはケレスの夜の側にいるので、観測ができません。4 月中旬になると、極軌道を周回しながら、1 年半あまりにわたって観測を続け、地表の様子や鉱物資源、ケレスの表面物質の組成などを探り、地球との交信を利用しながら重力場の測定にも挑みます。

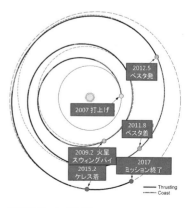

探査機ドーンの軌道

2015

探査機ドーンがとらえた準惑星ケレスと謎の光点

　ドーンは、このたびケレスに接近する途中の2月に、ケレスの非常に鮮明な画像を取得しました。そこには、まるで闇に光るネコの目のような2つの謎の光が輝いていました。この光る点の正体としては、氷原だという意見や、蒸気の噴出だという意見などがあります。昨年初頭にはケレス表面からの蒸気噴出も確認されています。ドーンによる究明が待たれるところ。

　ちょっと心配なのは、ドーンは長旅の途上で2基のリアクションホイールが故障していることです。姿勢制御に難点があるので、撮影画像の数が予定よりも少なくなるでしょう。この障害を克服して立派な観測と分析を成し遂げてほしいものです。

　ケレスを含む小惑星メインベルトの天体の多くは、太陽系が生まれた40数億年前から存在していると言われています。ドーンによるケレスの観測は、原始の地球に水をもたらしたのは隕石だとする仮説を検証し、太陽系がどのように育ち変貌を遂げてきたのかを知るための重要な手がかりとなることが期待されているのです。日本の「はやぶさ2」による研究との連携も楽しみですね。

　なお、ケレスというのは、ローマ神話に登場する豊穣の女神の名で、Ceresと書きますが、英語で読むときは「セレス」です。

2015年3月13日

土星の衛星「タイタン」のメタンの海に生命？

　少し前にも土星の衛星タイタンのお話をしました。今日はそのつづき。タイタンの姿を、生命の存在という観点から眺め直してみたいと思います。

　タイタンは、土星の第6衛星です。1655年にクリスティアーン・ホイヘンスによって発見されました。地球の月、木星の4つのガリレオ衛星に次いで、太陽系で6番目に発見された衛星です。名前はギリシャ神話の巨神族ティーターンに因みます。

　衛星タイタンは、太陽系にある衛星の中で、ただ1

つ濃い大気が確認されています。そして、何と地球と同じように、湖や火山があり、雨が降り、さらには生命が存在する可能性さえもあるというのだから驚きです。土星探査機「カッシーニ」がとらえた映像では赤茶けた大地に青い水のようなものが写っていますよ。

　でも、考えてみてください。太陽から遠く離れているので、地表の温度はマイナス180 ℃です。これでは水は液体の状態では存在できませんね。液体の水がないなら、生命なんて存在できないのではないでしょうか。では、「液体」って呼んでいるものの正体は何でしょうか。調査の結果、地球における水の役割を果たしているのは、液体のメタンであることがわかったのです。

　しかもタイタンの上空では、厚い大気中の窒素とメタンから大量の有機物が作られていることも明らかになりました。その有機物には、生命につながるDNAを構成する4つの化合物も含まれていたのです。これは、生命の存在を期待できる大切な大発見です。

　加えて、大気中にある水素が、タイタンの地表ではなくなっているのです。ひょっとしてこれは、何らかの生命体が呼吸をしていて、水素を消費しているのではないかと考える科学者もいます。液体メタンを使った、地球とは全く異なるタイプの生命！　いまタイタンは、さまざまな想像の種を生みながら、人類の新たな探査を待っています。

クリスチャン・ホイヘンス
(1629-1695)

土星探査機「カッシーニ」

土星探査機「カッシニ」がとらえたタイタンの表面

2015年3月18日

日本の水星探査機「ベピコロンボ」がお目見え

　太陽系でいちばん内側にある惑星「水星」は、地上や

2015

最初の水星探査機「マリナー10号」

公開された日本の水星探査機「MMO」

ジウゼッペ・コロンボ博士

地球周回衛星から見ると非常に見えにくい天体です。いつでも太陽の近くにいるので、太陽の明るさが邪魔をしてしまうのです。だから、水星を観測するためには、この星に接近する必要があるのですが、厄介なことに、地球から水星に行くには大変なエネルギーが要るのです。そのため、これまでに水星に近づいた探査機は、たった2機しかありません。

1974年から1975年にかけて、3回にわたって水星に近づき、その表面の半分くらいを観測した、アメリカの「マリナー10号」と、その40年後に水星を初めて周回したアメリカの「メッセンジャー」です。地球が巨大な磁石になっていることは知っていますね。でも水星は、このような磁場は持っていないと考えられていました。ところが、マリナー10の観測から、水星も弱い磁場のあることがわかったのです。その謎を解き明かす探査機を、ついに日本が水星へ送ることになりました。

惑星磁場の研究という分野で世界的な業績を挙げて来た日本の科学者たちが、2016年度に打ち上げるMMO（水星磁気圏探査機）がそれで、このたびJAXA相模原キャンパスで記者公開されました。MMOは、ヨーロッパのMPO（水星表面探査機）とともに、南米クールーのギアナ宇宙センターから、アリアン5ロケットで打ち上げられます。

この共同計画は「ベピコロンボ計画」と呼ばれています。この2機は、結合した形で打ち上げられ、その後地球・金星・水星のスウィングバイを経て、水星到着後に分離されてそれぞれ水星を回り始めます。その6年の飛行で大活躍するのが、「はやぶさ」で開発され、す

水星の磁気圏とベピコロンボ計画の2機の軌道

ぐれた燃費を持つ日本のイオンエンジンですよ。

なお、「ベピコロンボ」という名は、水星の研究に偉大な貢献をしたイタリアの科学者ジウゼッペ・コロンボ博士（1920-1984）に因んだものです。彼の「ジウゼッペ」というファーストネームの愛称が「ベピ」なんですね。

2015年3月25日

開発進むボストーチヌィ宇宙基地

世界の発射場で有名なのは、ケネディ宇宙センターとかバイコヌール宇宙基地、南米クールーにある発射場。そうそう、日本の種子島宇宙センターや内之浦の発射場も。

建設中のボストーチヌィ宇宙基地（ロスコスモス提供）

実は今ロシア・シベリアの極寒の地に建設中の広大なロケット基地があります。「ボストーチヌィ宇宙基地」です。以前この辺りには「スヴァボードヌィ宇宙基地」があったのですが、財政難で廃止。ボストーチヌィはその跡地に建設中です。

ソ連という国があったころには、バイコヌールはソ連領だったのですが、ソ連崩壊後にカザフスタン領になったので、今ではロシアのロケットをバイコヌールから打ち上げるときには、国と国との協定に基づき、たくさんのお金を払って使わせてもらっているのです。

最近バイコヌールから打ち上げているプロトンロケットがよく爆発事故などを起こし、カザフスタンとの仲が険悪になったりしているという事情もあり、ロシアは、自国領にバイコヌールに代わる宇宙基地が欲しかったのです。実はバイコヌール以外にも、ロシアにはロケット発射場があり、相当な数のロケットはそこからも打ち上げているのですが、いずれも内陸にあるので、海岸に近いところで交通の便のよい場所を探していました。

ソユーズロケットの打ち上げ（ロスコスモス提供）

ボストーチヌィはアムール州に属し、鉄道や道路の便もよく、太平洋も近いので輸送の都合から見ても、とても有利です。予算が順調についていけば、今年中には基

2015

ロシアのロケット発射場

本的な建設工事は完了する見込みで、最初のテスト飛行が見られるかもしれません。最初の有人飛行を2018年、基地が100％完成するのは2020年と定めています。費用を節約するため、バイコヌールにあるような防衛用の軍事施設は建設されないそうですよ。

基地ができあがると、ここからロシアのロケットの半分近くが発射されるそうです。ソユーズ・ロケットや、ロシアの最新式の「アンガラ・ロケット」が次々に打ち上げられる日も、すぐそこに迫っています。特に飛行士たちを打ち上げるのは、もっぱらここからになるので、日本からも近いし、見学に行く人も増えるのではないでしょうか。

2015年4月2日

小惑星の岩塊を月まで持ってくる —— NASA

小惑星の岩塊を訪れた飛行士（想像図、NASA）

NASA（米国航空宇宙局）が、小惑星の表面から岩のかたまりを捕獲して月の近くまで運んでくる小惑星再配置計画（ARM）を発表しました。

その構想では、まず2020年12月に無人の探査機を打ち上げます。2年後に目標の小惑星に到着。この小惑星のそばで1年前後一緒に飛行しながらいろいろな仕事をし、接地して岩の塊を採取してから、それを持って2025年に月の近くまで持ってきます。ここまでが無人ミッションで、その後2人の飛行士が搭乗する有人宇宙船がこの無人機を訪れ、研究・実験をし、その一部を採取して地球に帰還するという一連の計画です。

2013年ロシアのチェリャビンスクに大きな隕石が落下して大騒ぎになりました。隕石は元を正せば小惑星なので、いざ小惑星が地球を襲った場合に、これの軌道を変えたりできると、大惨事が未然に防げます。このたびの小惑星ARM計画でも、ランデブー中に、探査機の力で小惑星の軌道を少しでも変えることができないかやってみるそうです。

ターゲットの小惑星として挙がっているのは、「はや

ぶさ」が訪れたイトカワ、アメリカのサンプルリターン計画「オサイリス・レックス」がめざしているベンヌ、小惑星2008EV5の3つです。現時点で最有力は、2008 EV5（大きさ約400ｍ）だそうですが、これからいろいろなことを考慮して、2019年までに決めることになっています。

　ARMの航行には、従来の化学推進ロケットではなく、電気推進ロケットが用いられます。「はやぶさ」で使われたイオンエンジンも電気推進の一種で、少ない推進剤でも大きな加速が得られること、つまり燃費がいいことを実証しました。ARMにも、イオンエンジンとは異なる「ホールスラスター」という方式の電気推進を採用します。

　探査機からはロボットアームを伸ばし、4ｍくらいの岩の塊をつかみます。これを電気推進で月まで運んできます。それから現在開発中の大型宇宙ロケットSLSによって、これも開発中のオライオン宇宙船に搭乗した飛行士がやってくるわけです。新型の有人宇宙船「オライオン」と無人探査機のドッキング、新設計の宇宙服を着た船外活動など、ARMでは、未来の火星有人ミッションに必要な技術・試験を数多く行う予定です。

チェリャビンスクに落下した隕石（2013年2月）

岩塊の採取風景（想像図、NASA）

2015年4月8日

「ペガサス」ロケット25周年
――航空機から発射するロケット

　現在多くの宇宙ロケットは、地上で点火されてそのまま宇宙をめざします。しかしオービタルATK社のロケット「ペガサス」は、航空機で運ばれ、上空で航空機から分離、そこでロケットに点火されて宇宙へ向かいます。

　ペガサスが初めて飛行したのは1990年4月5日のこと、アメリカの2つの衛星を軌道に投入しました。上空まで運ぶのに最初使ったのは、B-52という飛行機を改良したNASA（米国航空宇宙局）のNB-52Bとい

125

2015

航空機から分離された直後のペガサス

航空機に装着されたペガサス

う飛行機で、エドワード空軍基地から飛び立ちました。

　ペガサスは3段式の固体燃料ロケットで、途中からは、1段目と2段目を少し長さを伸ばし、新たにロッキード社L1011（トライスター）を改良したオービタル社の「スターゲイザー」という飛行機で運べるように尾翼を変更した「ペガサスXL」に性能アップしました。

　これらのペガサスは、エドワード、バンデンバーグ、ケネディ宇宙センター、ケープカナベラル、ワロップス、クワジャレイン環礁、カナリー諸島その他いろいろな場所から打ち上げられています。宇宙へ行くロケットの重さの大部分は、地上から発射直後の1段目の燃焼で消費するので、その時間帯を飛行機に乗せて上昇する「航空機発射」という発想は、コストダウンという点から見ても非常に有利です。

　こうして一時期のペガサスは、実用衛星から科学衛星まで幅広い種類の小型のペイロードを受け持つ打ち上げロケットとして人気を博し、80個以上の衛星を軌道上に送りました。

　一方で航空機発射というものは、打ち上げ機数が減少すると、ロケットを運ぶ航空機の維持整備の費用が固定費として必要なので、それがコストに響いてくるという難点があり、打ち上げ注文が減ってきた最近は、経営が厳しくなってきているようです。

　しかしペガサスロケットに用いられている固体ロケットは、他の打ち上げロケットにも使われており、たとえば、「トーラス」（タウルス）というロケットの上段はペガサスです。その他にも、ペガサスで培った航空機発射

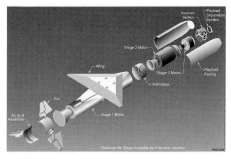

ペガサスロケット分解図

の技術が応用されて、さらに高度な航空機発射の方法がたくさん試みられており、この方法を実用化したペガサスの役割は、歴史的大きいものがあります。これまでの25年間の活躍に拍手を送りたいと思います。

2015年4月15日

姿を現した日本の新型基幹ロケットの基本性能
―― 2020年度に試験機打ち上げ

　宇宙航空研究開発機構（JAXA）が、2020年度の試験飛行をめざす新型基幹ロケットがそのベールを脱ぎました。

　現在わが国は、人工衛星／探査機の打ち上げ用ロケットとして、液体燃料のH-2A/H-2Bと固体燃料のイプシロンを持っています。近未来の打ち上げ需要を勘案して、JAXAは次世代の基幹ロケットの構想を描いてきましたが、このたびその基本性能が発表されました。

　JAXAの発表によると、新型基幹ロケットの全長は約63m、静止軌道に6トンから7トンの衛星を運ぶことができます。これは、現在のH-2Aロケットの約1.5倍に相当します。新規開発の1段目エンジンは2基または3基をクラスター（束）にし、2段目エンジンは、H-2Aを改良して1基か2基装備します。1段目の周りに配置する固体ロケットブースターの数などに応じて、いくつかのバージョンが考えられています。

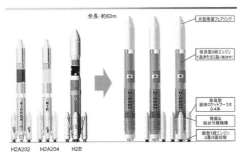

現在のH-2A/H-2Bと新型ロケットの比較

2015

世界一美しい発射場と言われる種子島宇宙センター

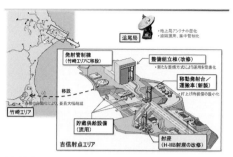

新型基幹ロケットに関連する地上支援設備

　発射のロケットの発射は種子島宇宙センター（写真）で、管制棟は竹崎エリアに移設し、イプシロンロケットの開発成果も全面的に活用して、組み立て作業や発射準備・点検作業を自動化して、必要な人員も思い切り削減します。こうすることで、打ち上げコストを大幅に減らすことができ、約50億円くらいになるそうですから、現在の半分程度になりますね。

　また整備組立棟も改修して簡素な運用となり、移動発射台／運搬車についても発射時の損傷を最小限にとどめることができるようにします。打ち上げ後の追跡局も地上局アンテナを小型化し、遠隔運用・集中管制化することにしています。

　現在の目標として、2020年度にテスト飛行を開始する計画になっており、2021年に予定するテスト飛行の2番機の打ち上げ後に、その評価に基づいて開発完了にするつもりです。日本のロケット開発企業の総力をあげて、日本が自立的に宇宙へのアクセスの道を大きく拓き、意欲的・野心的なプロジェクトや海外の衛星の打ち上げ要請にも応える能力を確保することをめざします。

　なお、この新型ロケットの名前は、JAXAと開発に携わる企業が協議・調整しながら決定することになっています。みんなに親しまれるいい名前がつくといいですね。

2015年4月24日

月面着陸をめざす日本

　いよいよ日本が月面着陸をめざすことになりました。さる4月20日に開催された宇宙政策委員会で、宇宙航空研究開発機構（JAXA）は、2018年度に打ち上げることを目標に、月面に着陸機を送るという計画表明したのです。認められれば、来年度の予算要求に組み込まれることになります。打ち上げを受け持つのは、一昨年華々しくデビューした日本の新型ロケット「イプシロン」。発射場は鹿児島県内之浦。探査機の名はSLIM (Smart Lander for Investigating Moon)といいます。

　月は、1950年代から70年代にかけて、アメリカと旧ソ連によってたびたび探査機が送られましたが、アポロ計画やルナ計画が終了した後の20世紀は、アメリカのクレメンタインとルナプロスペクター、ヨーロッパのスマート・ワン、日本の「ひてん」などの小さな探査機が訪れただけでした。

　それに21世紀に入って火をつけたのは日本の月探査衛星「かぐや」でした。見事なハイビジョン映像や地形カメラの画像を始めとして、アポロ以来最大の月ミッションとして数々の大きな成果をあげた「かぐや」に成果は、その後のアメリカ（ルナー・リコネイサンス・オービター）、中国（嫦娥）、インド（チャンドラヤーン）などの探査機の派遣を引き出し、現在また月の新たなブームが訪れています。

　月に大量の水が存在する可能性が示され、月がどうやってできたかの議論も活発に論じられています。また月に存在する豊富な資源にも目が向けられていますね。国際的には、火星の有人飛行が、国際宇宙ステーション（ISS）の協力目標として掲げられていますが、その前に月についての協力が重要なステップになることは間違いありません。

　SLIMは、「はやぶさ」で大いに威力を見せつけた「デジタルカメラを用いる画像認識」という技術を活用して、狙った地点に高い精度で軟着陸をすることをめざし

打ち上げを待つイプシロンロケット（2013年、内之浦）

SLIMの月面着陸（想像図、JAXA）

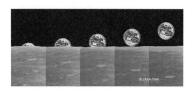

日本の「かぐや」がとらえた「満地球の出」（JAXA）（口絵33）

インドの月探査機「チャンドラヤーン」（ISRO提供）

ます。日本が世界に大きな貢献をする月面着陸計画を応援しましょう。

2015年4月28日

「はやぶさ2」12月3日に地球スウィングバイ
──イオンエンジン順調

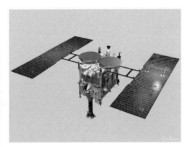

「はやぶさ2」の外観

イオンエンジンA、B、C、Dの配置

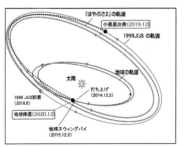

「はやぶさ2」の軌道

宇宙航空研究開発機構（JAXA）はさる4月27日、昨年12月3日に種子島宇宙センターからH-2Aロケットで打ち上げた小惑星探査機「はやぶさ2」の地球スウィングバイを今年の12月3日に実施すると発表しました。

「はやぶさ2」の飛行は極めて順調で、何もないのでチームがかえって不安になるくらい予定通りの自律航行を続行しています。現在の地球からの距離は約5300万km。地球局との通信に片道約3分かかります。

3月3日～21日に実施した2基のイオンエンジン（A、D）の409時間にわたる連続噴射も成功裏に終わり、6月上旬には第2回の連続運転（A、D：約200時間）を行います。打ち上げ直後の軌道決定によれば、今年末の地球最接近距離が317万kmでしたが、この2回の連続運転を終えた時点では、スウィングバイ時の接近距離を1万km以下にする予定です。

地球重力とその公転速度を利用する地球スウィングバイにより、目的地である小惑星1999 JU3へと向かう軌道に乗ります。そして2018年6月ごろに小惑星に到着し、約1年半にわたって周辺に滞在し、接近観測や表面サンプルの採取を続行。2020年、東京オリンピックの年の11月か12月に地球（オーストラリア）へ帰還します。

「はやぶさ2」の追跡に使われるのは、通常は長野県臼田にある直径64mのアンテナで、米国航空宇宙局（NASA）の深宇宙ネットワークの3局（カリフォルニアのゴールドストーン局、オーストラリアのキャンベラ局、スペインのマドリード局）の助けを借ります。な

お、欧州宇宙機関（ESA）の2局（アルゼンチンのマラルグ局、ドイツのヴァイルハイム局）の援助も受ける可能性があるので、さる4月22日と24日には、このESAの2局の使用を想定した運用を実施しています。

また、8〜9月にはイオンエンジンによる軌道微調整、10月初旬以降には搭載したガスジェット（化学推進系）による精密誘導の開始を予定しています。

2015年5月7日

水星探査機メッセンジャーが任務を全うして表面に衝突

さる5月1日（日本時間）、米国航空宇宙局（NASA）の水星探査機「メッセンジャー」が、すべての任務を全うして、水星表面に秒速約4km（時速約1万4000km）で激突しました。この衝突によって、直径16m程度のクレーターが形成されたと見られています。

メッセンジャーは、2004年8月3日に打ち上げられ、水星を回る軌道に入ったのは2011年3月17日。以来4年にわたり、水星を4105回周回しました。2012年3月には、予定していた主な科学目的はすべて達成し、延長ミッションでは、水星の画像をさらに豊富に伝送し、この惑星の情報を詳細に獲得しました。特に今年3月には、表面からわずか5〜35kmの高度まで降りて表面を観測するという離れ業をやってのけました。

水星は太陽系の最も内側に位置する惑星ですから、太陽からの強烈な熱にあぶられますし、また水星の公転速度が非常に速いなどの理由で、探査機が接近しづらい惑星の1つです。1974年3月29日と9月21日、1975年3月16日に、3回にわたって、マリナー10号が水星近傍を通過しましたが、そのカメラは、水星表面の45％しかカメラでとらえることができませんでした。メッセンジャーは、このマリナー10号以来33年ぶりに水星を訪れた探査機となったわけです。

メッセンジャーが成し遂げた、たくさんの発見のうち

水星探査機メッセンジャー

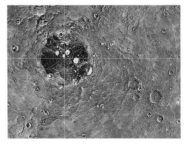

水星の極に水の氷を発見

2015

メッセンジャーが捉えた水星表面

で特筆すべきは、水星の南極や北極のクレーターに水の氷や凍結した揮発性物質が大量に存在することを発見したことでしょう。何しろ昼間の水星表面は450℃にも達します。こんなところでも、極地方のクレーター内部には太陽の光が届かないので、水が氷の状態が保存されているのですね。

磁力計や中性子線スペクトルメーターなど、最新の観測機器を搭載したメッセンジャーは、その他にも、水星表面全体の組成を初めて詳細に明らかにし、水星の地質学的歴史を詳しく研究し、また水星の内部磁場が中心からずれていることを見つけました。

水星には、宇宙航空研究開発機構（JAXA）も、早ければ来年の夏ごろに、ヨーロッパと共同で無人探査機を打ち上げる「ベピコロンボ計画」を持っており、さらに水星の成り立ちと太陽系誕生の謎を探ることが期待されています。

2015年5月14日

ハッブル宇宙望遠鏡のきらめく成果

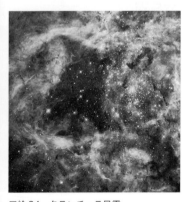

口絵34 タランチュラ星雲

ハッブル宇宙望遠鏡が地球周回軌道に打ち上げられてから25年が経ちました。長さ13.1メートル、重さ11トン、内側にある反射望遠鏡の主鏡の直径2.4メートル。この宇宙天文台は、天文学に革命を起こしました。今週は、その驚異の画像の代表作を心行くまで楽しみましょう。

口絵34 タランチュラ星雲にポッカリと空いた空洞に渦巻くダスト（塵）を、生まれたばかりの星々がまばゆいばかりに照らしています。星はこうして生まれ、そして死んでいくのですね。

口絵35 オリオン座の有名な馬頭星雲は、これまで背景が明るく輝いていたため、暗い姿でしかとらえられませんでした。ハッブル宇宙望遠鏡は、これ

を精細な赤外線画像として、漂うガスや塵（ダスト）のとばりを見せてくれました。

□絵 36　小さな星が材料を燃やし尽くして最期を迎えると、まるで惑星みたいな円盤状の天体になります。ウィリアム・ハーシェルによって「惑星状星雲」と名づけられたものの一つ、「キャッツアイ星雲」。確かに「猫の目」のように見えますね。

□絵 37　銀河と銀河が衝突している現場が見える「アンテナ銀河」の一翼。たくさんの星の集まり同士が、互いに影響し合いながら、大交響曲を奏でているようなすさまじい姿ですね。

□絵 38　2つの渦巻銀河が、お互いに重力を及ぼし合いながらゆがんだ形になっています。この地球から約3億光年彼方の銀河は、睦まじくダンスを踊りながら、互いの距離を狭めているようです。

□絵 39　私たちから約4億2000万光年離れたところにある「おたまじゃくし銀河」。接近し、突入したもう1つの銀河の潮汐作用で、ものすごい姿にゆがめられている渦巻き銀河です。

□絵 40　オリオン座の3つ星の近くに見える「オリオン大星雲」。塵とガスが荒れ狂っているこの星雲の深いところで、数千個の星々が生まれようとしています。私たちからの距離は、約1500光年。宇宙では比較的近いところです。

□絵 41　この小マゼラン雲は、「矮小銀河」と呼ばれる小さな銀河です。地球の南の方へ行けば肉眼でも見えます。それにしても、極彩色の翼に抱かれているような姿が美しいですね。

□絵 42　死にゆく恒星の断末魔の姿の1つ、「惑星状星雲」。宇宙に豪快に羽を広げている蝶のようです

口絵 35　馬頭星雲

口絵 36　キャッツアイ星雲

口絵 37　アンテナ銀河

ね。名づけて「バタフライ星雲」。ハッブルの数ある画像の中でも、特に人気の高いものです。

口絵43　地球から7500光年の彼方にある「イータ・カリーナ星雲」（りゅうこつ座）。これは星が形成されている派手な舞台であり、ダスト（塵）とガスからなる色鮮やかな「神秘の山」があります。生まれたばかりの超高温の星からの強烈な放射が、物質を吹き飛ばしているのです。

口絵38　ダンス銀河

口絵39　おたまじゃくし銀河

口絵41　小マゼラン雲

口絵40　オリオン大星雲

口絵42　バタフライ銀河

口絵 43　イータカリーナ星雲

2015 年 5 月 28 日

日本に次いでアメリカも「宇宙ヨット」に挑戦

　ロケットエンジンを使わないで、宇宙で帆をいっぱいに広げて太陽光の力だけで太陽系空間を航行する──後に「ソーラーセイル」と呼ばれる画期的な宇宙飛行のアイディアはすでに約 100 年前に提出されていました。しかしそのような「宇宙ヨット」に耐える軽くて薄くて丈夫な材料が出現したのは、ごく最近のこと。

　そうした材料を使って、2010 年、日本の JAXA（宇宙航空研究開発機構）の若者たちが世界初のソーラーセイルを実現しました。種子島宇宙センターから H-2A ロケットによって打ち上げられた「イカロス」です。実は、これに先立って、アメリカの惑星協会が、ロシアのロケットで 2 度にわたってソーラーセイルに挑戦しましたが、ロケットの失敗で、帆の展開には至りませんでした。イカロスは、その後、太陽の光の力と液晶技術を巧みに利用し、帆に貼りつけた太陽電池からパワーをもらいながら、加速・減速をやってみせ、太陽系空間を自由に航行する制御を実行しつつ、金星の近くまで飛行し、ミッションをすべて実現した現在も、時々は休みながらも、悠々とその旅を続けています。

　さる 5 月 20 日、アメリカ惑星協会が、3 度目のソーラーセイルのテスト飛行に挑みました。「ライトセイル」と命名された超小型衛星をアトラス V ロケットで軌道に投入することに成功したのです。今回はあくまで予備実験であり、折りたたんだ帆を広げる実験や、制御ソフト、通信などの検証を行う予定です。ただ、ライトセイ

宇宙で展開した「イカロス」の帆（JAXA 提供）

アメリカの超小型衛星「ライトセイル」（米国惑星協会提供）

アメリカの「ライトセイル」を展開したときの想像図（米国惑星協会提供）

2015

JAXAで検討中の野心的なソーラー電力ミッション

ルからの通信が途切れたというニュースが入ってきています。成り行きが心配です。

今回は軌道高度が低いため、地球の重力に負けて、数週間で地上に落下する見込みですが、成功すれば、来年4月には、「ライトセイル」2号機が、太陽光による加速やさらに高度なソーラーセイルの飛行に挑戦するつもりです。

日本にも、「イカロス」よりもさらに大型の帆を展開し、「はやぶさ」で使ったイオンエンジンと併用して、木星くらいの距離にあるトロヤ群小惑星をめざすという雄大なミッションを検討しているグループがあります。革新的な技術が世界のあちこちで実現していく時代——素晴らしい夢の実現を心待ちにしましょう。

2015年6月5日

エッジワース・カイパー・ベルト──太陽系外縁の謎の領域

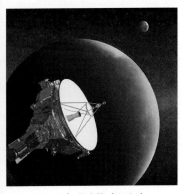

ニューホライズン探査機（NASA）

私たちは、「太陽系」というとまずは惑星を思い浮かべます。水金地火木土天海ですね。それに惑星を周回している衛星たち（月とかフォボスとかエウロパなど）、さらに小惑星や彗星などの小天体を加えて、私たちの太陽系のイメージができあがっているんですね。

海王星の向こうにある冥王星は、かつてはいちばん外側の惑星とされていたのですが、今では惑星の定義から外されて「準惑星」に分類されています。ところが、この冥王星よりも遠い空間に、円盤状に天体の密集した地

エッジワース・カイパー・ベルト（国立天文台）

域のあることが、観測からわかっています。

　これらの天体は、地球の公転軌道面（黄道面）からあまり外れていない軌道面にあり、海王星よりも遠いところに分布していることになります。

　この領域は「エッジワース・カイパー・ベルト」と命名され、ここに存在している、冥王星を含む天体群を「エッジワース・カイパー・ベルト天体」（EKBO）と呼んでいます。1992年8月に発見された小惑星1992 QB1が、冥王星（とその衛星カロン）を除く最初のEKBOです。その後、たくさんのEKBOが見つかっており、なかには冥王星よりも大きいものもいくつかあります。実は、太陽に近づいて美しい尾を出現させる彗星（ほうき星）のうち、太陽を周回する周期の短いものは、このエッジワース・カイパー・ベルトからやって来ると言われています。

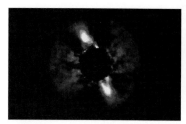

国際研究グループが発見した太陽系外恒星のリング

　もうじき冥王星に到達するアメリカの探査機「ニューホライズン」は、冥王星に接近して（その衛星を含めた）観測をした後、このEKBOのうちどれかを選んで観測に向かう予定です。EKBOは、私たちの太陽系が今から約46億年前に誕生した直後の状況に深い関わりを持っていると考えられています。

　つい最近、国立天文台の研究者を含む国際研究チームが、ハワイのマウナケア山頂にあるジェミニ南望遠鏡を使った観測で、ケンタウルス座の方向にある恒星（HD115600）の周りに、リング状に分布しているダスト（塵）の構造を発見し、このリングの大きさが、私たちの太陽系のエッジワース・カイパー・ベルトと同じくらいのサイズであることが判明しました。この恒星は幼かったころの太陽系の姿に似ているかもしれないですね。

2015年6月12日

 日本が世界初の火星の衛星サンプルリターンへ

　宇宙航空研究開発機構（JAXA）はさる6月9日に

2015

日本の月着陸機SLIM（JAXA）

日本の火星衛星サンプルリターン（JAXA）

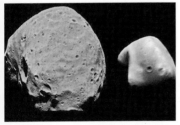

火星の衛星フォボス（左）とデイモス（NASA）

開かれた政府の宇宙政策委員会小委員会で、月面着陸を目指す探査機SLIMの打ち上げ目標を2019年度に定めると報告し、併せて新たに火星の衛星に無人の探査機を送って表面からサンプルを持ち帰る計画を検討していることを明らかにしました。

火星の衛星と言えば、フォボスとデイモス（ダイモス）の2つです。このどちらかに行って着陸し、その表面から砂や岩石などのサンプルを採取し、地球に持ち帰るというのですから、ミッションの流れは「はやぶさ」に似ていますね。事実JAXAは、「はやぶさ」「はやぶさ2」および月着陸機SLIMの経験を最大限活かすつもりです。

1月に発表した日本の宇宙基本計画によると、これからの10年間で中規模の宇宙探査プロジェクトを3機打ち上げるとしています。2021〜2022年度に打ち上げるその1機目を、世界初の「火星衛星サンプルリターン」にあてる意向のようです。

探査機の規模やエンジンタイプをどうするかなどはこれから決定しますが、小委員会ではその大筋が了承されただけに、宇宙政策委員会で正式に認可されれば、JAXAが来年度から開発に着手するための予算が、文部科学省の概算要求に盛り込まれます。

1870年代に発見されたフォボスとデイモスは、それぞれ長径27 km、16 kmの歪んだ形をした衛星です。これらは、小惑星が火星の重力にとらえられて衛星になったという説がありますが、その真偽は明らかではありません。サンプルを地球に持ち帰って調べれば、結論が出るでしょう。

また、火星誕生時の状況や、むかし大量にあった火星の水がなくなってしまった原因なども探れるし、太陽系の始まりのころの様子を研究する貴重な情報がもたらされるに違いありません。水星（ベピコロンボ計画のMMO）、金星（あかつき）、月（SLIM）、小惑星（はやぶさ2）、ソーラーセイル（イカロス）など、意欲的な太陽系研究に挑んでいる日本の惑星探査グループの活躍が、本当に楽しみですね。

2015年6月19日

ヨーロッパの次期中規模ミッション
—— 10年後の打ち上げに3つの候補

ヨーロッパ諸国が連合して宇宙開発を進める組織として欧州宇宙機関（ESA）があります。ESAは、その宇宙科学関連の計画として「コズミック・ビジョン」を持っており、その一環に中規模の科学ミッションが含まれているのですが、これからの10年間に打ち上げるその中規模ミッションとして、太陽と太陽圏を包む泡の関係を研究する「ソーラー・オービター（Solar Orbiter）」、ダークマターやダークエネルギーに挑む「ユークリッド（Euclid）」、太陽系外の惑星システムや恒星の「地震」を調べる「プラトー（PLATO）」の3つが決定されており、それぞれ2018年、2020年、2024年に打ち上げられます。さて、次の4つ目の中規模ミッションをめぐってしのぎを削っているのが、太陽系外惑星、プラズマ物理学、X線天文学という3つの分野の衛星計画です。

「アリエル（Ariel）」は、私たちの太陽に比較的近いところにある、約500個の太陽系外惑星の大気を赤外線で調べ、その化学組成や物理学的な状況を詳しく知ろうというものです。そもそも惑星というものがどのようにして形成されるのかを、私たちの太陽系の惑星の状況とも関連させながら調べつくそうという仕事で、イタリアの科学者たちから提案されています。

「ソア（Thor）」は、プラズマの加熱とそれに続くエネルギーの散逸という、宇宙プラズマ物理学の基本問題に挑戦する計画です。地球周回軌道を周りながら、太陽風（太陽から出ている高速のプラズマの流れ）と地球の磁気圏との相互作用などを調べます。スウェーデンの科学者をリーダーとするチームが組まれています。

「ザイプ（Xipe）」は、超新星、銀河ジェット、ブラックホール、中性子星などが発する高エネルギーのX線を調べて、過酷な極限状態での物質の振舞いについての知見を深めようという計画です。想像を絶するエネ

「アリエル」が探る不思議な世界（ESA）

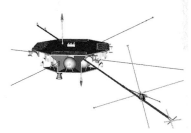
「ソア」衛星の外形（ESA）

「ザイプ」計画のイメージ（ESA）

ギーが関わる宇宙の不思議についていろいろなことがわかるでしょう。これは米国航空宇宙局（NASA）との共同計画です。

　これら3つのミッションは、昨年 ESA が呼びかけた募集に応えてヨーロッパ各地から提出された 27 の提案の中から厳選されたものです。これからより詳細な技術的・科学的な検討が加えられて、このうち 1 つだけが選ばれ、2025 年に打ち上げられることになります。

　日本も、水星・金星・月・火星の衛星などへの計画があり、精力的に太陽系探査に挑みますが、ヨーロッパも頑張っていますね。

2015年6月26日

本日「うるう秒」を挿入！──午前 8 時 59 分 60 秒！

1984 年から 1993 年まで使われていたセシウム原子時計の共振部（国立科学博物館の展示）

「1 日は何秒ですか？」と訊かれたら、$24 \times 60 \times 60 = 86\,400$（秒）と答えますね。以前は 1 秒の長さを、地球の自転の速さから決めていました。科学が進歩して、その時間の基準を、1972 年からはセシウム原子の振動数を用いる原子時計で定義することになりました。原子時計の誤差は、100 億年に 1 秒です。その方が精度が格段に高いですね。

ところが、原子の振動は地球の自転（1 日の長さ）とは全く無関係なので、逆にその正確な時計を使うと、地球の自転の速さが一定でないことがわかってきたのです。大体のところは、地球の自転がわずかずつですが遅くなっていますが、最近の観測では、時には逆に速くなることも判明しています。つまり自転には「揺らぎ」があるのです。

1 秒の長さは 1 日の長さの 86 400 分の 1 であるべきですが、自転の速さが変化するとなると、いつの時点の 1 日の長さを採用するかという問題が起きます。1956 年に、秒の長さを 1900 年 1 月 1 日時点の地球の公転速度で定義したとき、その秒の長さは、1750 年から 1892 年までの約 140 年間の観測結果で決めたの

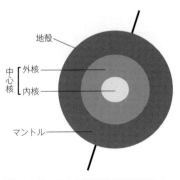

地球の内部（この地球内部で何が起きているのか？）

で、原子時計で秒を定義し始めたときには、実際の1日の長さと86 400秒との間に、数ミリ秒の差ができていました。

　原子時計で決めている地球上の時間の決まりと、実際の地球の動きが次第にずれていくと、そのずれを補正するため、ずれが1秒を超えそうになったら「うるう秒」というものを地球上の時計に挿入しなければなりました。

　その「うるう秒」が、今日（2015年7月1日）の午前8時59分59秒と9時00分00秒との間に、「8時59分60秒」として挿入されます。実は1972年から1999年までは、地球の自転が「平常通り」遅くなっていたので、「うるう秒」を22回挿入しました。しかしその後は7年間は挿入しなくても済みました。地球の自転が「不思議な揺らぎ」を示したからです。そしてその後は、2006年、2009年、2012年、2015年の今日と、「うるう秒」を入れなくてはならないほどに地球の自転が遅くなりました。

　この自転の揺らぎの原因はわかっていないのです。まだ私たちの知らない巨大で不可解な動きが、地球の深部で起きていると考えられているのですが、正体はまだつかめていません。どうですか、この謎にみなさんも挑戦してみませんか。

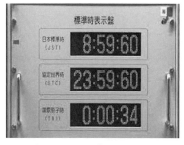

2012年7月1日に「うるう秒」が挿入されたときの情報通信機構の表示盤（NICT提供）

2015年7月1日

補給機ドラゴン、ISSに届かず
―― ファルコン9ロケットが爆発炎上

　国際宇宙ステーション（ISS）にいる宇宙飛行士たちのために、生活必需品や実験器具・実験試料などを定期的に運ぶ無人の補給機はいくつかあります。かつてスペースシャトルは、宇宙飛行士たちとともにそのような物資も運んでいました。

　2011年にスペースシャトルが引退して以後、無人補給を担ったのは、ロシアのプログレスとソユーズ（無人

シグナスを乗せたアンタレースの爆発（2014年10月、NASA）

2015

爆発炎上したファルコン9ロケット

2017年にデビューする有人仕様のドラゴンV2（スペースX社）

型）、ヨーロッパのATV、日本の「こうのとり」で、その後アメリカの民間企業が製作したドラゴン、シグナスという2機の補給機も参入しました。そのうち昨年の打ち上げを最後にATVが引退した後は、5機による補給態勢になりました。

ところが、昨年10月にシグナス、今年の4月にプログレスが、相次いでISSへの補給に失敗し、さる6月28日にドラゴンを搭載したスペースX社のファルコン9ロケットが、発射2分後に爆発したのです。ISSには、数ヵ月分の食料などの蓄えがあるので、宇宙飛行士の生命の危険はありませんが、物資の輸送を担当している5機のうちの3機が立て続けに失敗したことは、今後の輸送計画に大きな不安を残しています。

一方、ソユーズだけに頼っている宇宙飛行士のISSへの輸送は、現在2017年をめざして、アメリカ民間企業の有人仕様のドラゴンV2（スペースX社）とCST-100（ボーイング社など）が開発を急いでいます。実は今回爆発炎上したファルコン9は、その有人仕様のドラゴンV2をISSへ運ぶために、現在改良を進めているロケットなのです。

「健全なのは日本の補給機だけ」とほくそ笑んでいるときではありません。これらの一連の事故を他山の石として、「こうのとり」を運ぶH-2Bロケットの作業に一層ベストを尽くそうというのが、日本の技術者たちの現在の偽らざる心境でしょう。

人類の宇宙進出という射程の長い事業を考えた場合、この種の事故が発展途上に起こりそうなものであることは明らかで、いちいち大袈裟に騒ぎ立てる必要はないでしょうが、これからの日本の輸送技術の役割がますます大きくなっていく可能性のあることを肝に銘じておきましょう。まもなく8月には「こうのとり」5号機がISSに向かいます。

2015年7月7日

「すばる」で暗黒物質の地図を作成

　日本の国立天文台や東京大学などのチームが、ハワイにある「すばる」望遠鏡を使って、宇宙空間を満たしている正体不明の「暗黒物質」(ダークマター)の存在を調べる仕事を開始しています。その最初の成果が、このたび発表されました。

　チームが発見したのは、かに座の方向、満月およそ10個分くらいの視野の範囲に、暗黒物質の集まっている9ヵ所の模様です。暗黒物質は宇宙にいっぱいあり、私たちのまわりにも飛び交っているそうですが、光を発したり反射したりしないから目には見えません。いったいどうやって見つけたのでしょうか。

　暗黒物質は、見えないけれども、質量を持っており、それがたくさん密集しているところでは強い重力が生じているはずです。その暗黒物質の向こうに天体があると、その天体の光は、暗黒物質の強い重力によって曲げられて、私たちまで届きます。この「弱いレンズ」の効果を使って、背景の天体の姿が歪められる状態を観測し、前景の暗黒物質の分布の状況を知ることができるわけです。

　ただしこの精密な観測をするためには、遠くの銀河を広い範囲にわたって観測することが必要ですね。そこで研究チームは、口径8.2mの「すばる」望遠鏡にと超広視野の高性能カメラ(HSC)を装備し、非常に長い苦労を重ねた結果、やっと胸を張って公表できる貴重な結果を得たわけです。

　物質の最も基本的な粒子は、最近発見されたヒッグス粒子を含めて17種類が見つかっていますが、それだけでは宇宙のいろいろなことを説明できないことがわかっています。そこで世界の物理学者は、人間の目で見ることはできないが質量を持っている「暗黒物質」(ダークマター)が存在すると考えているのです。その量は、宇宙を形づくっているものの実に25%を占めていると推定されています。

ハワイ・マウナケア山頂の大型光学赤外線望遠鏡「すばる」

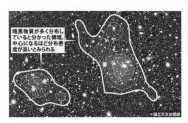

「すばる」のデータから発見されたかに座周辺の暗黒物質の分布

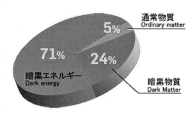

宇宙の成分表

2015

　この暗黒物質の正体を突き止める努力は、世界のあちこちの科学者たちのよって懸命に続けられています。来月半ばに国際宇宙ステーション（ISS）に打ち上げられる補給船「こうのとり」にも、暗黒物質を探す実験装置が積まれる予定になっています。

2015年7月16日

史上初の冥王星接近
── NASAの探査機「ニューホライズンズ」

冥王星への接近を喜ぶジョンズ・ホプキンス大学の管制室

富士山級の高さの山並みが見える冥王星の表面

　みなさんは、太陽系の惑星が8つあると教わっているでしょう──水金地火木土天海ですね。でもお父さんやお母さんが子どもだったころは、（いや実はつい最近まで）もう1つ惑星があったのです。そう、冥王星です。

　米国航空宇宙局（NASA）の探査機「ニューホライズンズ」が、2006年1月に地球を出発したときは、その目的地である冥王星は、まだ惑星の仲間でした。ところがその年の8月、国際天文連合は、冥王星を「格下げ」して、「準惑星」に分類したのです。実は冥王星は、アメリカ人が発見した唯一の惑星だったので、今でも冥王星の惑星への「復帰」を望む声があがっています。

　それはともかく、探査機「ニューホライズンズ」はその後9年半の長旅を続け、さる7月13日、ついに冥王星に人類史上初めて1万2500 kmまで接近し、観測を続けながらそばを通過（フライバイ）しました。アメリカ・メリーランド州にあるジョンズ・ホプキンス大学の管制室では、探査機からの信号を予定通り受信し、無事に接近通過したことが確認されると、喜びに沸きました。

　接近観測で得られたデータは、これから約16ヵ月かけて地球へ送られてきますが、これまで送られた画像にも興味あるものが含まれています。まず、冥王星から7万7000 kmの距離から撮影されたものには、氷でできていると思われる富士山クラスの高さの山がいくつも確

認できます。これらの山々は1億年くらい前に形成され、現在も成長を続けている可能性があるということです。

またこれまでの観測から、冥王星にはわずかながら大気のあることも初めて確認され、表面に大きなハート型の地形が見られます。これはおそらく、メタン、窒素、一酸化炭素などの霜が作っている模様だろうと推定されています。冥王星には今までに6個の衛星が見つかっていますが、その最大の衛星「カロン」には、深さ7〜9kmの渓谷が1000kmにもわたって続いていることもわかりました。これから送られて来る驚くべきデータを、みんなで楽しむことにしましょう。

メタンなどの霜と推定される冥王星表面のハート型の模様

2015年7月23日

油井亀美也宇宙飛行士、ISSへ初飛行

さる7月23日朝（日本時間）、油井亀美也さんら日米露の3人の宇宙飛行士を乗せたソユーズロケットが、カザフスタンのバイコヌール宇宙基地から発射されました。3人が搭乗したソユーズ宇宙船は、打ち上げの約9分後にロケットから分離されて予定の軌道に入り、宇宙船の太陽電池パネルの2枚のうちの1枚が開かないという事故に見舞われましたが、約6時間後、無事に国際宇宙ステーション（ISS）にドッキングすることに成功しました。

油井亀美也飛行士の乗ったソユーズロケットの打ち上げ（バイコヌール宇宙基地）

油井さんが宇宙飛行士候補に選ばれたのは2009年。日本実験棟「きぼう」の運用を開始した2009年7月以降に誕生した日本の宇宙飛行士としては初めての飛行です。まさに新世代の飛行士ですね。今回の飛行は、最近世界でいくつかのロケットの失敗が続いた後だっただけに、無事にISSに到着してくれて本当によかったと思います。

油井さんは、自衛隊出身のしかも経験豊かなパイロットであるということで、これまでの飛行士とはまた異なった趣の宇宙飛行士ですから、どのような貢献をして

ISSに接近するソユーズ宇宙船

2015

写真3　訓練中の3人の飛行士

くれるか、楽しみですね。自ら「中年の星になりたい」と言明している通り、現在45歳の油井さんは、人生経験もある程度積んだ段階での飛行ということになりました。

　油井さんは、さまざまな訓練を通して、非常にきちんと任務をこなす優秀な飛行士として高い信頼性をかちとっており、茶目っ気もあり、しかも統率力にも優れているという評価も聞こえてきていますよ。ソユーズロケットでISSに向かう際には、真ん中に座るオレク・コノネンコ船長の左座席に座って、操縦をダイレクトに支える副操縦士の立場で働きました。これまでのキャリアが立派に生きているという印象がありますね。

　現在、ISSに滞在中の宇宙飛行士のうち、アメリカとロシアの飛行士が一人ずつ、将来の火星有人飛行を睨んで1年間の長期滞在に挑んでいます。長期の宇宙滞在が人間の体にどのような影響を与えるかを調べ、将来の月・小惑星・火星への有人探査に向けた知見を得るためのもので、日本もこの研究に参加しています。そのためのデータ取得について、油井飛行士も寄与することでしょう。

2015年8月7日

太陽の光を浴びる月の裏側と地球
── NASAの衛星「ディスカバー」

　さる8月5日、米国航空宇宙局（NASA）は、地球と月が一緒に映っている非常に珍しい写真を公開しました。深宇宙気候観測衛星「ディスカバー」が7月16日に撮影したもので、太陽の光に照らされて輝いている地球の前を、月が裏側をこちらに見せながら通過しています。

　地球と月のツーショットは、1968年にアポロ8号の乗組員が月を周回しながら撮った有名なシーン以来、さまざまなバージョンで撮られています。地球と月の両方からかなり離れて撮影したもので有名なのは、NASA

の木星探査機「ガリレオ」が撮ったものや、日本の火星探査機「のぞみ」のものなどがありますが、一昨年の7月にNASAの探査機「カッシーニ」が50億kmの彼方から送って来た写真は衝撃的でした（口絵44）。

地球上からは、月の裏側が見えないため、19世紀のオーギュスト・コントという哲学者は、「人類は月の裏側を決して見ることができない」と断言したほどでしたが、1959年に当時のソ連が打ち上げた「ルナ3号」が、月の向こう側まで回り込む飛行をして、初めて月の裏側の様子を送ってきました。このピントの甘い写真に比べると、このたび得られた写真の月は、非常に鮮明ですね。

月の裏側と地球のツーショット（2015年7月にNASA衛星「ディスカバー」撮影）

右上の写真を眺めると、地球の鮮やかな模様と、月の黒々とした姿が対照的ですね。この違いはどこから来るのでしょうか。地球の表面に私たちがいて空を見ると青いですね。これは大気に浮かんでいる粒が青い光を散乱しやすいからですが、宇宙から見て地球が青く見えるのは、海の色が青いからですね。海が青いのは、太陽光にふくまれている赤い成分の光が、海の水で吸収されてしまうからです。残った青い光が水の中の物質に散乱されて、目に届くと青く見えるわけです。空の青は海面で反射されますが、これも地球が青く見えるのに少し貢献しているようです。それにしても、私たちの地球は、暗黒の宇宙で素晴らしい輝きを放っていますね。

月面に浮かぶ地球（アポロ8号、1968年）

地球と月（NASAの木星探査機「ガリレオ」、1992年）

ルナ3号がとらえた月の裏側（1959年）

地球と月のツーショット（日本の火星探査機「のぞみ」、1998年）

2015

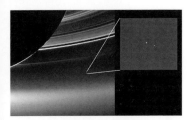

土星から見た地球と月（探査機カッシーニ、2013年）（口絵44）

2015年8月14日

彗星や小惑星の奇妙な形はどうやってできたのか(1)

チュリューモフ・ゲラシメンコ彗星

お風呂で遊ぶアヒルの玩具「ラバーダック」

小惑星イトカワ

　欧州宇宙機関（ESA）の探査機「ロゼッタ」がチュリューモフ・ゲラシメンコ彗星に到達してから約1年が経ちました。近づくにつれてこの彗星の異様な形が明らかになり、その姿からこの彗星に「ラバーダック」の愛称がつけられました。あのお風呂で遊ぶアヒルの玩具に似ているからです。

　それにしても、こんな奇妙な形がどうやってできたのでしょうね。それは、あの日本の「はやぶさ」が小惑星イトカワに接近したときにも起きていた議論です。

　彗星や小惑星は「太陽系の小天体」と呼ばれます。一部の大きなものを除き、ほとんどの小天体は、イトカワやチュリューモフ・ゲラシメンコ彗星のように、いびつな丸くない形をしているようです。なぜこのような奇妙な形ができるのでしょうか。そこで2週にわたってこの問題を採り上げます。

　まず今週は、イトカワについてです。イトカワの場合は、2005年の秋に異様な形がわかって来たとき、表面の様子などからある仮説が作られました。

　イトカワができた太陽系の初期（45億数千万年前）は、太陽系の大衝突時代でした。微惑星と呼ばれる小さな天体が無数にできていき、それらが衝突・分裂・合体を繰り返しながら現在の惑星系の姿が大まかに作られていったのです。そのころイトカワよりは大きな天体（母天体）がまずできて、それに別の天体が衝突し、壊れた

148

破片が小範囲に飛び散りました。その中から、近くにあった岩石同士が引力で引き合いながら、長い間かけて集まって一体となり、イトカワができたという仮説です。

そしてその仮説は、2010年に「はやぶさ」が地球に持ち帰ったイトカワの微粒子を分析することで、見事に実証されたのでした。

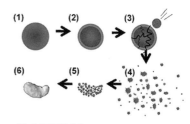

イトカワの形成史

2015年8月21日

彗星や小惑星の奇妙な形はどうやってできたのか(2)

先週は、日本の探査機「はやぶさ」が訪れた小惑星イトカワの奇妙な形がどうやってできたかについて述べました。実は、現在欧州宇宙機関（ESA）の探査機「ロゼッタ」が周回しているチュリューモフ・ゲラシメンコ彗星の奇妙な形についても、2つの仮説が提出され議論されています。

1つの説は、イトカワと似たようなシナリオです。太陽系の初期に将来の惑星に成長する「卵」とも言うべき「微惑星」という小さな天体が無数にできていった時期があります。これらは頻繁に衝突・分裂・合体を繰り返し、その中から現在の惑星システムの原型になる太陽系の姿が形成されていったのです。

その大衝突時代の最中に、大きめの彗星が形づくられ、それに別の彗星が衝突してバラバラに壊れた後、飛び散ったかけらのうちで近所どうしにあった岩石や塵（ダスト）類が、互いの引力で引き合って再び集まってきて一体になり、1つの天体となったという考え方です。だとすると、写真のような妙な形になるのもうなずけますね。

これに対し、初めから小さな衝突・合体のプロセスが繰り返されるうちに写真のような形の天体が自然にできたに違いないという説を持っている科学者もいます。こ

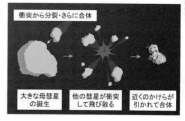

衝突→分裂→合体説

チュリューモフ・ゲラシメンコ彗星

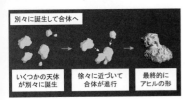

多天体合体説

の仮説も捨てがたいものがあり、これら2つの仮説のどちらが正しいかは、今後のさまざまな観点からの分析・研究がまたれるところです。

　そもそも天体というものは、ある程度の大きさ以上になると、あらゆる方向の重力が均等に働くので、必然的に丸くなっていきます。加えて、衝突事件の最中に、形成された天体の表面近くが火だるまのようになって溶けてしまったと考えられています。「マグマオーシャン」というこの時期を経ると、天体はますます丸い形を確かなものにしたことでしょう。その点、小惑星の大部分は、重力の大きさも全体を丸くするほど強くなく、写真のような形がいったんできて、衝突頻度が低くなっていくと、その後の数十億年間をそのままの姿で過ごしてきても不思議ではありません。

　いずれの説に落ち着くのか、今後の研究が楽しみですね。

2015年8月21日

「こうのとり」打ち上げ──油井さんの待つISSへ

「こうのとり」を搭載したH-ⅡBロケットの打ち上げ(種子島宇宙センター)

　さる8月19日(日本時間)、種子島宇宙センターからH-ⅡBロケットが打ち上げられ、搭載された1羽の「こうのとり」が、14羽のハトと12匹のマウスを運びました。と言っても、これは動物の物語ではなく、宇宙輸送の話。ちょっと説明を要しますね。

　この「こうのとり」(HTV)は、ISSでの作業と生活に不可欠な6.5トンの荷物を積んだ補給船です。ロケットから分離した「こうのとり」は一路ISSへ向かっています。運ぶ荷物には、600リットルの飲料水、尿の浄化装置のほか、ISSの船外に取り付けられて宇宙線や暗黒物質(ダークマター)の徴候を観測する装置(CALET)、14個の超小型衛星なども搭載しています。

　リアルタイムで地球の変化を撮影するアメリカの超小型衛星群には、実は「ハト」という愛称が付けられました。つまり14羽のハトですね。では冒頭の「マウス」

は？　これは正真正銘、本物のネズミの「マウス」です。ISSで近々日本が実施する「小動物飼育装置」で実験に供されるマウスたちです。これは12匹のマウスを1匹ずつ個室に入れて、30日間飼育する装置。12匹は無重力区画に6匹、1Gの重力区画に6匹入れます。無重力環境と人工重力環境とを比較して行う実験としては世界初。

超小型衛星「ハト」

マウスの個室＝ケージには給餌用カートリッジや給水バルーン、排せつ物がたまらないよう風を送るファン、観察用カメラなどが取り付けられ、宇宙飛行士は1週間に一度、水や餌などの交換をすればいいだけです。手間もあまりかかりませんね。

ところで、このたびの打ち上げ成功によって、2009年9月11日に1号機が打ち上げられて以来、5機目となる「こうのとり」は、すべて成功したことになります。このH-ⅡBとH-ⅡAのH-Ⅱロケットの改良型シリーズは、これで27機連続して打ち上げに成功しています。ロシアのソユーズロケット、アメリカのデルタロケットなどと並んで、世界最高水準の打ち上げ成功率を誇る宇宙輸送手段に成長しました。

心から「おめでとう」を申し上げます。

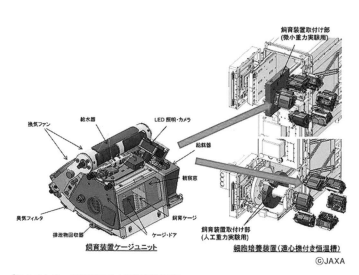

「こうのとり」に搭載する小動物飼育装置

2015

2015年8月28日

「こうのとり」がISSにドッキング

ISSのロボットアームに「こうのとり」が掴まれた瞬間

「こうのとり」キャッチを喜ぶ筑波宇宙センターの管制室

ISSの油井さんに指示を出すヒューストンの若田光一飛行士

先週打ち上げ成功をお伝えした日本の補給船「こうのとり」5号が、24日の深夜、国際宇宙ステーション（ISS）にドッキングすることに成功しました。

昨年10月にアメリカの補給船「シグナス」を打ち上げた「アンタレース」ロケットが打ち上げ直後に爆発して以来、5月にはロシアの補給船「プログレス」が打ち上げには成功したものの、軌道修正に失敗してISSとのドッキングがうまく行かず大気圏に突入してしまい、さらに6月には、やはりアメリカのもう1つの補給船「ドラゴン」を打ち上げた「ファルコンX」ロケットも発射の2分20秒後に爆発・分解するなど、ISSへの補給が何度もつまずいていました。

ISSに滞在している飛行士たちの食料などは十分な蓄えがあるものの、とうとう飛行士たちは非常食の一部に手を付け始めたと言われていました。それに、飛行士たちが楽しみにしている新鮮な食料や、アメリカの補給船が運ぶはずだった米国航空宇宙局（NASA）の物資も、今回の「こうのとり」5号には積み込まれました。国際的に大きな責任を負った輸送だっただけに、関係各国からの期待も日本の関係者の緊張も特別のモノだったでしょう。

特に今回のドッキング作業に際しては、高度約400 kmを飛行しているISSに「こうのとり」が接近していくときの操縦は茨城県の筑波宇宙センターの管制室が行い、相対距離が10 mくらいになってから筑波からの位置確認などの報告を受けて、ヒューストンの管制局からISSに指示を出す仕事は若田光一飛行士が行い、その指令を受けてロボットアームを操作して「こうのとり」をキャッチして引き寄せる仕事は、ISS船内にいる油井亀美也飛行士が担当しました。

今回のドッキングで、日本人チームが示した素晴らしいチームワークが、国際的な喝采を浴びたことは言うまでもありません。大役を果たした油井さんは、「こうの

とり」をキャッチした際の感想を「情熱とか夢とか一生懸命さとか、非常に大切なものも同時に受け取った気がする」と語っています。私たちも同じ日本人として誇り高いですね。

「こうのとり」をキャッチする訓練をする油井亀美也飛行士

2015年9月5日

日本のX線天文衛星「すざく」が科学観測終了
―― 9年の活躍にピリオド

2005年7月10日に打ち上げた日本のX線天文衛星「すざく」は、目標寿命の約2年をはるかに超えて観測を行い、多くの成果を上げてきましたが、さる6月1日以降、衛星の通信、バッテリー、姿勢制御などの動作状況から見て、科学観測を再開することが困難となり、運用終了に向けた作業に入りました。

X線天文衛星「すざく」(JAXA)

天体の科学観測は、地上の望遠鏡などでも行われているのに、なぜ人工衛星を飛ばして観測をする必要があるのでしょうか。それは地球が厚い大気に包まれているからです。宇宙にある天体は、人間の目に見える可視光線をはじめ、さまざまな波長の電磁波を放射しており、それらが地球にも届きます。ところが、右図のように、大気に進入してきた電磁波のうち、可視光線と電波・赤外線・紫外線の一部しか地上まで達しません。ほとんどの波長の電磁波は、大気によって吸収されたり、大気上層で反射されてしまうのです。

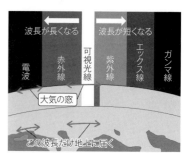

大気による電磁波の吸収と「大気の窓」

紫外線は生き物の遺伝子を破壊する場合もあるし、X線やガンマ線などを浴びることも、生き物にとって非常に危険なことです。だから地球を包む大気が、宇宙の危険な放射線の攻撃から私たちの体を守ってくれているのです。でも宇宙の天体が発するさまざまな波長の電磁波は、その天体の活動の様子を語る非常に重要ないろいろ

2015

「すざく」は 2015 年、超巨大ブラックホールが大量の物質を勢いよく飲み込む際、ブラックホールから外向きに強力な「風」が発生し、それが銀河スケールで起こる物質流出の原因であることを初めて見出した

な情報を運んでくれているので、人工衛星を大気圏外に運んで、地球大気によって吸収される前の、情報満載の電磁波を捕まえることによって、天体の躍動する姿がより生き生きと浮かび上がるわけです。

わが国 5 番目の X 線天文衛星「すざく」は、約 9 年にわたって、X 線の広い波長にわたって世界最高レベルの感度で優れた観測を続けてきました。この間、銀河団外縁部に至る X 線スペクトルを初めて測定したり、宇宙の構造形成やブラックホール直近領域の探査などにおいて重要な科学的成果をあげています。

1979 年に打ち上げた「はくちょう」衛星以来、X 線を使ってブラックホールや超新星など宇宙の非常に激しい高エネルギーの活動を研究する X 線天文学は日本の得意技となって世界をリードしてきました。来年打ち上げる ASTRO-H が、このたび観測を終える「すざく」の後継機となって、この分野をさらに大いなる高みに押し上げていくことを期待しましょう。「すざく君、ご苦労様でした。」

2015 年 9 月 10 日

NASA のエウロパ探査機の現状──生命存在への期待

NASA のエウロパ・ミッション

生命が息づいているかも知れないエウロパという天体は、木星のまわりを回っている数多くの衛星の 1 つで、表面全体が氷で覆われています。この星に米国航空宇宙局（NASA）が、早ければ 2022 年あたりに無人の探査機を送る計画を持っています。

木星を周回しながら、2 年半の間にエウロパを 45 回も接近通過して、高解像度カメラや氷ペネトレーター（貫入機）など 9 つの機器を使って、表面組成などを詳細に調べ、この衛星の内部に生命の生きる環境がある証拠をつかもうという野心的なプロジェクトです。

直径約 3100 km のエウロパは、地球の月（直径約 3500 km）よりも少し小さく、全表面を覆うおそらく 80 km ほどの厚さの氷の地殻の下には、20 km もの深

さの大海が存在していると言われています。海には溶けている水があります。水は生命の誕生に必須と考えられており、科学者たちは、エウロパに生命が誕生しているとすれば、どのような生命なのか、想像をたくましくしているわけです。

実は、私たちの太陽系内には、このエウロパのように地下に溶けた水が存在していると推定されている衛星が、現段階でエウロパを含め6つも存在しています。ただし、地球と同様に硬いマントルと接触していて、生命の誕生と密接なつながりのある、興味あるさまざまな化学反応の起きることが予想されているのは、今のところエンケラドスとエウロパの海だけで、他の4つは、海が氷の層の間にサンドイッチのように挟まれている可能性があり、上記の2つに比べると生命の可能性が低いかも知れないと言われています。

エンケラドス生命発見探査機（想像図例）

特にエウロパについてはこれまでの調査で、その海が今から約45億年以上も前、太陽系の誕生したころから存在していたと推測されていて、生命が生まれるのに十分な時間的余裕があったのではないかと考えられ、直径約500kmのエンケラドスの方は、海がいつごろできたかを知るための調査が始まったばかりで、NASAはエンケラドス生命発見探査機（ELF）も検討しています。

そして最近の情報では、エウロパに小型のランダーを着陸させる可能性も検討しているそうです。厚い氷の中を掘削しながら潜り込んで、その下の海を探ることができたら——想像しただけでもワクワクしますね。

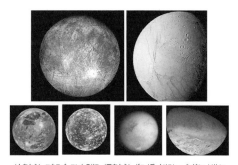

（上左から）エウロパ、エンケラドス （下左から）ガニメデ、カリストー、タイタン、トリトン

水の存在が推測される6つの衛星

2015

2015年9月10日

アメリカの民間有人宇宙船の名称を「スターライナー」に
―― ボーイング社のCST-100

「スターライナー」と命名されたCST-100宇宙船

アポロ16号のパラシュート降下

ボーイング社の「787ドリームライナー」旅客機

アメリカは、スペースシャトルが2011年に引退した後、月や火星など遠くに行く仕事は国が中心になり、地球周辺の宇宙輸送は民間企業の力でやるという戦略を打ち出しています。そして宇宙飛行士たちを地球まわりの軌道に運ぶ企業として政府のお墨付きをもらっているのが、スペースX社とボーイング社の2社です。

2社とも2017年に国際宇宙ステーション（ISS）への宇宙飛行士の輸送を開始すべく、現在開発を急いでおり、ボーイング社の新しい宇宙船は、現在CST-100と呼ばれています。CST-100は、左上の図のようなカプセル型で、現在の計画では、アトラスVロケットに搭載されて打ち上げられます。スペースシャトルのオービターのような翼はついていません。だから、スペースシャトルは地球周回軌道を離れて大気圏に突入すると、グライダーのように滑空しながら地上に帰還しましたが、CST-100は、ミッションを終えて大気圏に入ると、一定の高度のところでパラシュートを開いて減速し、かつてのアポロ宇宙船やソユーズのような方式で地上に（海上に）帰ってきて回収されることになります。

さる9月4日、ケネディ宇宙センターで行われた記者会見で、ボーイング社は、この開発中の有人宇宙船CST-100を改名し「スターライナー」（Starliner）と呼ぶことに決定したと発表しました。順調に進めば2017年、かつて「スペースシャトル」という耳慣れない名前の宇宙往還機がフロリダのケネディ宇宙センターを飛び立ったように、「スターライナー」という名で親しまれることになる乗り物が、宇宙へ飛び立つのですね。

みなさんの中には「787」という飛行機に乗ったことのある人がいるかも知れませんね。「スターライナー」という名称は、ボーイング社の開発した「名機」として名高いその「787」が、正確には「787ドリームライ

ナー」と呼ばれていたので、来年創立100周年を迎えるボーイング社としては、それとゆかりのある「ライナー」という言葉を挿入したかったのだとも伝えられています。

　その2017年の「スターライナー」のデビュー・フライトの際のクルーの中には、ひょっとして日本人飛行士（今の予定だと金井宣茂さん？）が含まれているかも知れませんね。これは楽しみになってきました。

2015年9月25日

宇宙に最も長く滞在した宇宙飛行士が帰還
—— ロシアのパダールカさん

　さる9月12日、カザフスタンにロシアの宇宙飛行士ゲナージ・パダールカさんが、他の2人飛行士とともにソユーズ宇宙船で着陸しました。彼は5回目の宇宙飛行として国際宇宙ステーション（ISS）に滞在していたのですが、このたびの飛行によって、宇宙滞在の合計時間が879日に達しました。これは、それまでの世界記録だったセルゲーイ・クリカリョフさん（ロシア）の宇宙滞在記録804日を大幅に更新したものです。

カザフスタンに帰還したパダールカ飛行士（ロスコスモス提供）

　でも1回の飛行で宇宙に連続して滞在した記録ということになると、1994年1月8日から1995年3月22日にかけて438日のあいだ宇宙ステーション「ミール」で生活したワレーリ・ポリャコフさんですね。彼は、たびたび日本を訪れており、私も何回かお会いしたことがあります。非常に陽気なお医者さん宇宙飛行士です。

　1961年にユーリ・ガガーリンさん（旧ソ連）が人類史上初めて地球周回軌道に打ち上げられて以来、宇宙飛行（高度100km以遠の飛行）を経験した人は551人もいます。最も多いのがアメリカ人の344人、次いでロシア人の114人。日本人飛行士は現在ISSに滞在中の油井亀美也さんを含めて10人。ドイツ人の11人に次ぎ、中国人と並び世界第4位です（2015年9月24

ポリャコフ飛行士（ロスコスモス提供）

2015

テレシコーワ飛行士（ロスコスモス提供）

ジョン・グレン飛行士と向井千秋飛行士（NASA提供）

日現在）。

　その中で女性宇宙飛行士は、1963年のワレンチナ・テレシコーワさん（旧ソ連）が初飛行だったことは有名ですが、これまで最もたくさんの女性を宇宙へ送ったのはアメリカで、計45人。第2位のロシア（4人）を大きく引き離しています。

　これまで飛んだ551人の中で最年長の人は何歳だと思いますか？　実に77歳です。1998年に日本の向井千秋さんたちとスペースシャトルで宇宙へ行ったアメリカのジョン・グレンさんです。ではいちばん若い人は？それは1961年にガガーリンさんに次いで宇宙へ行った2番目の人、旧ソ連のゲルマン・チトフさんです。当時25歳でした。

　いま世界で人間を宇宙へ打ち上げる技術を保有しているのは、アメリカ、ロシア、中国の3つの国だけで、有人打ち上げ成功回数は、それぞれ178回、133回、5回です。日本の独自のロケットで人間を運べる時代が早く来るといいのですが。

2015年10月2日

火星に塩分を発見──溶けた水の手がかり

火星（NASA）

　「宇宙人はいますか？」──よく受ける質問です。残念ながら、私たちの太陽系の中には、人間のような生き物はいないことがはっきりしていますし、実は原始的な生命すら見つかっていないのです。科学者たちは、「太陽系の中に生き物を見つけたい、それがかなわなければ、せめて生き物がかつていた痕跡でもあれば……」という思いで、努力を重ねてきました。

　特に重視したのは、「水」の存在です。水は生きるためになくてはならないものであるばかりでなく、生命そのものがこの星に誕生するためには、液体の水が必須の条件だったと考えられています。だから溶けている水のある星を探すことに全力が注がれました。

　現在では、私たちの太陽系の中で、地下に水（あるい

は氷）が存在していると考えられている天体は、火星を始め、木星の衛星エウロパ、土星の衛星エンケラドスなど増え続けています。とりわけ重点的に水を探してきたのは、火星です。すでに氷の存在は明らかになりました。かつて大量の水のあったことも証明されました。そして現在も液体の水が存在しているという証拠をつかみたかったのですが、以前から火星には「ガリー」という山崩れのような地形があり、その中腹に細い筋が何本も残っていて、いかにも水が流れ落ちた跡に見えます。

最近になって探査機の観測から、このガリーが、火星の暖かくなる季節に現れ、寒くなるとなくなることに気づいた米国の科学者たちがいます。彼らは、火星周回衛星「マーズ・リコネイサンス・オービター」の観測データを詳しく分析し、火星表面の4ヵ所で、ガリーの筋沿いに「塩分」が分布していることを確認したのです。

かなり以前から、火星表面に液体の水が存在するためには塩分が必要と言われていました。塩分には、水の凍る温度（凝固点）を下げ、大気中の湿気を吸い取ってくれる働きがありますからね。そしてこのたびその塩分が確認できたことで、少なくとも暖かい季節には、火星には現在も水の流れがあることがわかりました。大発見です。生命の存在を念頭に置いたこれからの精力的な火星探査がますます楽しみになってきました。

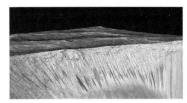

火星のクレーターの崖に見られる「ガリー」と呼ばれる細い筋状の流れ（NASA）

マーズ・リコネイサンス・オービター（NASA）

一時的な流水によって形成されたと思われる火星表面の長い筋状地形（NASA）

2015年10月7日

"Ryugu"（リュウグウ、竜宮）
―「はやぶさ2」の目標小惑星の名称決定

　日本の探査機「はやぶさ2」がめざす小惑星1999 JU3の正式名称が決まりました。"Ryugu"です。日本語で書けば、「りゅうぐう」つまり「竜宮」ですね。
　昔話に登場する浦島太郎が、浜辺で助けた亀に連れて

2015

「はやぶさ2」と小惑星「リュウグウ」(Ryugu) の想像図

「はやぶさ」の回収カプセル

国際天文連合（IAU）のロゴ

　行かれた先が「竜宮城」でしたね。その竜宮城と「はやぶさ2」が、何の関係があるのでしょうか。浦島太郎は、海の底にある竜宮城に行き、乙姫様などに親切にされて楽しい月日を過ごしますが、故郷が恋しくなり、帰る間際に乙姫様から素敵な玉手箱をもらいます。「絶対に開けてはいけない」と言われていた玉手箱を、禁を破って開けたところ、白い煙がモクモクとあがって、浦島太郎はアッという間にお爺さんに早変わりしてしまいました。

　竜宮城で過ごした昔の日々の秘密が、玉手箱の中に隠されていたわけですね。2010年に地球に帰還した「はやぶさ」の1号機は、太陽系の誕生したころの秘密を語る小惑星イトカワのサンプルをカプセルに入れて持ち帰りました。このカプセルから、浦島伝説の玉手箱を連想した人がいっぱいいます。

　「はやぶさ」の後継機である「はやぶさ2」の目標天体の愛称を決めるのに、宇宙航空研究開発機構（JAXA）は、その愛称を公募しました。応募された7000件を超す投票の中に、玉手箱のあった「竜宮城」を想像して、"Ryugu"という名を寄せた人が30名いたそうです。選考委員会では、これを正式名称の候補にして、小惑星の名前を最終的に決める国際天文連合（IAU）に提案し、このたびその承認が得られたというわけです。

　"Ryugu"（リュウグウ、竜宮）と名づけられた小惑星1999 JU3は、「はやぶさ」が訪れたイトカワと違って、有機物や水を含んでいると考えられ、水に縁の深い「竜宮」という名は、実にピッタリの命名だと思いませんか。

　「はやぶさ2」は現在旅路を急いでおり、来る12月3日に地球スウィングバイという大事なオペレーションを控えています。2018年夏に「リュウグウ」に到着した後、サンプルを収集して2020年末に、太陽系と私たちの生命の起源についての情報を満載した「玉手箱」を持ち帰ってくれることを期待しましょう。

2015年9月25日

冥王星についての5つの発見
―― 「ニューホライズンズ」探査機のデータ

さる7月14日に冥王星のそばを接近通過したアメリカの探査機「ニューホライズンズ」。少しずつデータ送ってきていて、まだその解析は道半ばですが、現在までに明らかになった大きな発見を5つ挙げておきましょう。

1　富士山級の高さの山々

接近して撮った写真には、富士山ぐらいの高さの山並みが連なった驚くべき光景が映っています。これまで表面を覆っていると思われていた窒素や一酸化炭素の氷は、これらの山々の天辺に貼りついているだけのようです（口絵45）。

富士山級の山々が連なる冥王星の表面（口絵45）

2　冥王星の表面は今でも変化している

最初に私たちを驚かせた冥王星表面のハート形の地域には、クレーターがありません。それはこの地形の年齢が数百万歳以内の若いものであることを物語っており、私たちの地球と同様の氷河や地塊の移動によって、今もダイナミックに変化しているようです。

3　薄いが靄のかかった「青い」大気

冥王星表面の気圧は地球の1000分の1くらいで、思ったより低かったのですが、地表全体を覆う靄が150kmくらいの高さまで達しています。しかも地球と同じように浮かんでいる粒子の散乱によって青く輝いているのです（口絵46）。

冥王星のハート形地形（背後は衛星カロン）

4　冥王星と衛星カロンが同じくらいの密度

地球誕生の初期に比較的大きな天体が衝突して飛び散ったかけらが集まって月ができた（巨大衝突説）のと同じように、冥王星の衛星カロンが形成されたと考えられ、その衝突物体が冥王星と同じような組成のものだったらしいですね。

5　衛星ニクスとヒドラは明るくて奇妙な形

宇宙の物体は、いろんなものがぶつかったり放射線を浴びたりして、だんだんと暗い色になっていくものです

冥王星を包む「青い」大気（口絵46）

2015

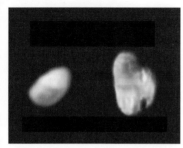

が、冥王星のあと2つの衛星、ニクスとヒドラは、予想以上に輝いていて、おそらくきれいな水の氷に覆われています。そして冥王星と大きな衛星カロンの「重力の綱引き」のため、この他の衛星たちは歪んで奇妙な形になっているようです。

冥王星の衛星ニクス（左）とヒドラ

2015年10月25日

「ブラックホール」という言葉の由来

神秘的な「ブラックホール」。この天体は一体どうやって命名されたのでしょうか。いちばん有名なのは、アメリカの天文学者ジョン・ホイーラー（1911-2008）が名づけたという説です。彼は、そういう言葉のセンスに非常に長けていた人で、「ブラックホール」と「ホワイトホール」のどちらの言葉も発明したとよく言われます。

ジョン・ホイーラー（1911-2008）

彼が所属していたプリンストン大学の機関紙には、「ホイーラーは、"ブラックホール"という言葉を提案した物理学者」と述べられています。雑誌『ガーディアン』も「1967年にニューヨークで行われた講演で、ホイーラーが"ブラックホール"という言葉を当たり前のように提案した」と記しています。

周囲の物質を吸い込んでいくブラックホール（想像図）

しかしその説に反対している人もいます。科学雑誌『サイエンティフィック・アメリカン』は、「1967年の学会で、ホイーラーが講演しているときに、聴衆の一人がこの不思議な天体に関して"黒い穴"という表現を使い、ホイーラーがこの言葉をその場でただちに気に入ってこの天体の呼び名として使って人気を博した」と述べています。

ホイーラー自身は、自分が「ブラックホール」の名付け親だと主張したことは一度もありません。1992年10月の『ニューヨーク・タイムズ』紙には、ホイー

ラー自身の談話として、「1967年にニューヨークのゴダード研究所で開かれた会議で、誰が言ったかは思い出せないのですが、"ブラックホール"という語を使ったのです。"完全に重力でつぶれる天体"などというややこしい表現を何十回も繰り返していたら、何か他にいい表現はないかと考えるでしょうからね」と引用しています。

黒い穴を連想させる「ブラックホール」の想像図

ところが1964年1月18日の『サイエンス・ニューズレター』紙で、「アメリカ科学進歩協会（AAAS）の会議の報告に、"アインシュタインの一般相対性理論によると、縮退した天体に質量が加わるときに重力の終焉が訪れ、この星の強い重力場は宇宙の黒い穴（black hole）になる"という記事がある」と紹介されています。とすれば、1967年の会議でホイーラーが耳にした発言は、このときのことを憶えていた人の誰かが発言したとも考えられます。

いずれにしても、ホイーラーは本当の意味では「ブラックホール」の命名者ではないようですが、この魅力的な言葉を世界中に広めた功績者と言ってよいのでしょう。

2015年11月1日

国際宇宙ステーション後の宇宙国際協力は？

現在の国際宇宙ステーション（ISS）は、2020年まで運用することになっており、アメリカはそれを延長して2024年ごろまで使うことを提案しています。いずれにしろその寿命が来た場合、その次に世界の宇宙大国が協力して行うプロジェクトには、どのようなものが考えられているのでしょうか。国際会議の熱い話題になっています。

現在の国際宇宙ステーション（NASA提供）

大きく分けるとそれは3つに分かれます。第一にアメリカは、みんなで協力して2030年代に火星に人間を送ろうと提案しています。地球にいちばん近い天体である月へは、1969年から1972年にかけて、すでにア

2015

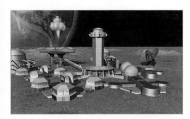

ロシアが構想する月面基地の想像図（ロスコスモス提供）3

有人火星飛行計画（NASA提供）

メリカが人間を着陸させています（アポロ計画）。それだけに、アメリカ国民は、月はすでに「征服済み」みたいな気分になってもおかしくはありませんね。ただし、科学者たちは、まだまだ月について未知のことが多いので、まだ月を十分に研究したい人も多いようです。いずれにしても火星に行くためには、その準備的な訓練が必要で、そのためにも月への有人飛行をまずはやろうという考えも多く見られます。また、月と並んで、小惑星などの他の天体も視野に入れているようです。

　もう1つの有人宇宙飛行の大国であるロシアが力を込めて提唱しているのは、月面基地の建設計画です。月面で人類が生活することへ憧れに加えて、月面に存在するさまざまな資源や月がいつも地球に同じ面を向けているという関係を利用できるという魅力などがアピールするようです。すでにヨーロッパも部分的には協力を表明しています。

　また有人飛行の能力を持つもう1つの国、中国は、ISSに代わる新たな宇宙ステーションを自国で開発し、それに他の国の参加を呼びかけています。下図のような中国の宇宙ステーションに他の国が使うモジュールをドッキングさせる意向です。有人飛行については、ヨーロッパも中国との協力を開始しています。

　さて日本は、まだ態度表明をしていませんが、そろそろ早く国の戦略を決めなければならない時期に立ち至っているようです。みなさんだったら、どうしますか？

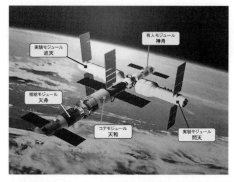

中国の宇宙ステーション計画の初期完成予想図（図は中国航天局、筆者が手を加えた）

2015年11月8日

「重力波」世界初観測へ──望遠鏡「かぐら」が完成

　「重力波」は、アインシュタインが存在を予言した現象です。このたび、東京大学などが岐阜県の山の地下深くに巨大な観測装置「かぐら」を建設し、公開されました。これまで重力波が直接とらえられたことは一度もなく、世界中の科学者が100年以上にわたって取り組んできた難題に、日本の科学と技術が巨大な貢献ができるか、注目されています。

　20世紀の著名な物理学者アルベルト・アインシュタイン（1879-1956）は、1915年から1916年にかけて、「一般相対性理論」を発表しました。その中で彼は、質量を持つ物質の周りの空間は歪むと主張し、その物質が動くと空間のゆがみも「重力波」という波として伝わっていくと予言しました。ただし計算によれば、超新星が終焉を迎えるような極めて重い星の爆発でも、伝わってくる空間のゆがみは、太陽と地球の間の距離（約1億5000万km）が水素の原子1個分（約1億分の1cm）くらいの伸び縮みに過ぎません。

　このたび完成した「重力波望遠鏡」は、長さ3kmの2本のパイプをL字型につなげ、その内部でレーザーを使って精密に距離を測ることによって重力波による微妙な空間のゆがみをとらえる装置です。振動や温度変化の極めて少ない地下200m以上のトンネルの中に設け

アルベルト・アインシュタイン（1879-1956）

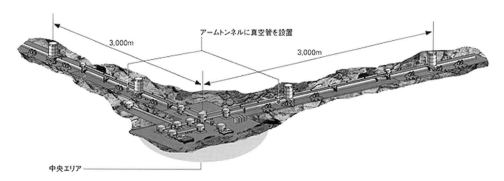

「かぐら」の仕組み（東京大学）

165

られ、装置の中は真空に保たれ、レーザー光線を反射する鏡は分子の振動を抑えるべく、マイナス253℃まで冷却されます。

　この望遠鏡が建設されたのは、小柴昌俊、梶田隆章という二人のノーベル物理学賞受賞者を生んだ「カミオカンデ」のある岐阜県神岡鉱山の跡地で、その名に因んで、新たな望遠鏡は「かぐら」（KAGRA：Kamiokande Gravitation）と命名されました。重力波をとらえれば、宇宙の誕生につながる観測やブラックホールの誕生の瞬間を直接観測できるようになるなど、天文学に新たな観測手段をもたらすことになると期待されています。

　「かぐら」は、試験運転を経て、2年後に本格的な観測が開始されます。やはり重力波の初検出をめざすアメリカやヨーロッパとの激しい研究競争が世界の注目を集めています。

重力波観測の世界のネットワーク（東京大学）

2015年11月16日

宇宙の活動を平和の絆として育てよう

　若田光一さんは、昨年11月から半年、国際宇宙ステーション（ISS）に滞在し、後半は船長を務めました。彼から届くメールには、「休みの日の飛行士たちは、いつもはお国自慢をしたりして楽しく過ごすのです

が、さすがに今はそうは行きません」と書いてありました。そのころ、ウクライナ情勢が非常に厳しかったのです（今も厳しいですが）。ロシア人とアメリカ人ばかりのクルーたちは、「地上では対立しているが、宇宙では米露が協力していることを見せようね」と、念入りに仕事の打ち合わせをしていたそうです。

ISSの若田光一宇宙飛行士（NASA提供）

そのむかしギリシャでは、古代オリンピアが始まると、交戦状態の都市国家は休戦したそうです。スポーツが「聖域」だったのですね。翻って現代の私たちはそのような「聖域」を持っているでしょうか。思い出してみると、ウクライナをめぐって極端に厳しい情勢をバックにしながら、オバマ、プーチン両大統領は、一言もISSに言及しませんでした。ロシアは淡々とISSへ（その国籍を問わず）人間を運び、アメリカは経済制裁を加えながら、ISSでの協力を淡々と進めていました。そのISSでは日本人が船長。ISSには、小規模ながら「聖域」の匂いを感じます。

荘厳なオリンピック聖火の採火式（IOC提供）

当初はいろいろと意義について議論のあったISSですが、現実に建設され活動が始まると、世界の平和の舞台での協力のシンボルとしての役割が浮かび上がってきています。そこに、アメリカ・ロシア・ヨーロッパ・カナダと並んで、日本が5局の1つとして参加している意義は、我が国の世界貢献の姿を考えるうえで、非常に大きなものがあると感じています。日本は今や、よその国から「何かもらおう」、「得をしよう」、「お金を儲けよう」ということばかり考えているようなケチで偏狭な国になってはいけないのです。

世界の5局が運営する国際宇宙ステーション（NASA提供）

みなさんが人生を力いっぱい生きる21世紀に、この星の全域を覆う大規模な宇宙プロジェクトを組織して欲しいと願っています。戦争をしたくても、そのプロジェクトがあるからできないというような全世界的なプロジェクト。今の時代に、「和の心」を持つ日本という国の独自の位置があることを、どうかもっと積極的に認識してください。平和への揺るぎない意志を持ち、「あの国の人は信頼できる」という声をバックにしたリーダーシップをぜひ発揮してください。平和を達成する道筋で日本が果たすべき役割は非常に大きいのです。

2015

2015年11月19日

宇宙で微生物をつかまえる「たんぽぽ計画」
—— ISS「きぼう」実験棟

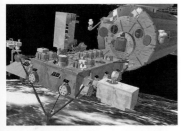

微生物の捕集装置が取り付けられている「きぼう」暴露部

「たんぽぽ計画」の捕集パネルが搭載された「きぼう」曝露部 ©JAXA、NASA44

アレーニウス（1859 – 1927）

「宇宙空間で小さな生き物をつかまえる」と言ったら、みなさん、びっくりしますか？実はそんな試みが、今年5月から国際宇宙ステーション（ISS）の日本実験棟「きぼう」で行われているのです。「たんぽぽ計画」といいます。何だかフワフワしたものをつかむのんびりしたイメージを連想するかも知れませんが、実際には、秒速8km近くで飛んでいるISSで微生物や有機物を捕えるのは大変ですね。この実験は、「きぼう」の船外に捕集装置を取り付けて、宇宙に漂う微生物をつかまえようとしているのです。

つかまえた微生物が壊れては意味がないので、受け止めるための捕集材は、柔らかくて密度の低いエアロゲル（乾燥剤や吸収剤にも用いられるケイ酸のゲル）を二重にして包み込むという特殊な仕組みにしてあります。

「たんぽぽ計画」では、宇宙空間で微生物を捕集するだけでなく、地球上の微生物をISSから宇宙空間にさらして生きられるかどうかを調べる実験も行われています。でも一体、酸素も水もない高真空の環境に微生物なんているのでしょうか。実は、これまでにも大気上層の非常に薄い大気の中に生きている微生物が、何度も捕えられているのです。また深い海の底の、熱水が噴き出している所からも、生きるために酸素を必要としない生き物たちのひしめき合っている姿が捕えられているんですよ。

地球上の生命は、どこで生まれたのでしょう。まだ確固たる結論がありません。かつてスウェーデンの化学者スヴァンテ・アレーニウス（1859-1927）は、「地球生命のもとは宇宙からやってきた」という「パンスペルミア説」を唱えました。当時は、そういったことを確かめる手段を人類は持っていなかったのですが、今では大気球・航空機・ロケット・人工衛星などいろいろな方法で、宇宙空間の様子を調べることができます。

「たんぽぽ計画」は、地球生命がどうやって誕生したのかを探る重要な計画の一環です。果たして地球上のどこでどのようにして生まれたのか、あるいはひょっとしてアレーニウスが唱えたように、生命の「種子」にあたるものが宇宙を壮絶な旅をして地球にやってきたのか、興味は尽きないですね。「たんぽぽ計画」のデータを楽しみに待ちましょう。

2015年11月30日

完全再使用の宇宙船へ歴史的一歩
──ブルー・オリジン社の「ニュー・シェパード」

　人類初の宇宙往還機「スペースシャトル」が2011年に引退して以来、人類は再び使い捨てロケットの時代に逆戻りしたかのようです。高価な費用をかけて製作したロケットが、一回だけ使っておしまいという状況は、いかにももったいない気がしますね。

　しかしどっこい、何度も使えるロケットや宇宙船の研究は続けられています。かつてはアメリカで「デルタ・クリッパー」と呼ばれる再使用ロケットの開発が行われていましたし、日本でも有翼飛翔体やRVTと呼ばれるロケットの研究が行われ、基礎的な実験も成功しています。そして現在のJAXAも、予算不足に苦しみながらも、再使用ロケットの開発を粘り強く続けています。

宇宙科学研究所のRVT-9号機の離陸

　2004年には、初の民間有人宇宙飛行を達成した「スペースシップ・ワン」が、飛行機で途中の高度まで運ばれた後に切り離され、ロケットで加速して100kmの高度をクリアした後に帰還して有名になりました。

着陸したスペースシップワン

　そしてこのたび、さる11月23日、アメリカ・テキサス州で、液体水素と液体酸素を推進剤とするロケットが打ち上げられ、一定高度に達した後、（今回は人間が乗っていませんが）宇宙船「ニュー・シェパード」を切り離しました。宇宙船は上昇を続け、数分間の無重力状態を実現しながら高度100.5kmに達した後、大気圏に再突入し、最終的には3つのメインパラシュートを開

2015

飛び立つニュー・シェパード

いて、ほぼ着地目標の中心に、ゆっくりと制御されながら着陸しました。上昇時には3G、下降時には5Gの加速を受けたそうです。一方、ロケットも、宇宙船に別れを告げた後に下降し、高度約1.5kmでロケットを再点火して制御しながら減速を続け、秒速2mでゆっくりと垂直に着陸しました。

この「ニュー・シェパード」のテスト飛行は2度目です。さる4月に行われた1回目の飛行では、宇宙船は93kmまで運ばれたものの、潤滑システムが故障したため、ロケットが制御着陸できませんでした。

アメリカ人初の宇宙飛行に成功したアラン・シェパード飛行士に因んで命名された宇宙船「ニュー・シェパード」は、国際的な「宇宙飛行士」認定の基準である高度100km以上に6人の宇宙飛行士を運ぶ設計になっています。ブルー・オリジン社では、今後詳細な飛行テストを繰り返した後に、一般の人々の宇宙飛行ビジネスを始める予定です。

2015年12月5日

JAXAが「はやぶさ2」の地球スウィングバイを実施
―― 一路「りゅうぐう」へ

「はやぶさ2」の地球スウィングバイ想像図(イラスト:池下章裕)

日本の小惑星探査機「はやぶさ2」は、さる12月3日(日本時間)の夕方から夜にかけて地球スウィングバイを実施し、19時08分に地球に最接近、ハワイ諸島付近の太平洋上空約3,090kmを通過して視界から去りました。詳しい軌道の決定には、あと1週間くらいかかるでしょうが、これまでに得ているデータによれば、探査機の状態は正常であり、スウィングバイは成功したと推定されます。

昨年12月3日に打ち上げられた「はやぶさ2」は、その後極めて順調に飛行を続け、地球に近い太陽周回軌道を飛んでいましたが、今回のスウィングバイによって大きな軌道に移りました。搭載したイオンエンジンを噴かしながら、目標の小惑星「りゅうぐう」を追う道筋に

乗ったと考えられます。

　スウィングバイに先立ち、地球に接近してきた「はやぶさ2」は、カメラのテストも兼ねて地球の姿を撮影して送ってきました。近くにはお月さまも映っていましたよ。「はやぶさ2」はフロリダ上空から大気圏に突入してきて、シベリア上空で方向を変え、南極の北方からアフリカ方面へ脱出していきました。これからしばらくは、南半球のキャンベラ（オーストラリア）とマラルグエ（アルゼンチン）にあるアメリカとヨーロッパのアンテナの協力を得て追跡を続けていきます。

　「スウィングバイ」とは、大きな天体の重力と運動エネルギーを利用して、ロケット噴射に頼らないで探査機の軌道を大きく変更する技術です。今回の地球スウィングバイによって、「はやぶさ2」の太陽に対するスピードは 30.3 km/ 秒から 31.9 km/ 秒まで増速したはずです。これから太陽を大きく2周くらいして、2018年初夏には、小惑星「りゅうぐう」に到達し、私たちの太陽系のはじまりや生命の誕生にまつわるワクワクするような探査を開始してくれることでしょう。大いに楽しみですね。

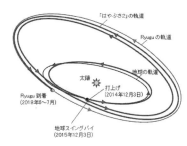

「はやぶさ2」の打ち上げから「りゅうぐう」到達まで

「はやぶさ2」がとらえた地球と月

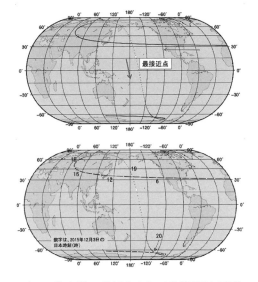

スウィングバイ時の「はやぶさ2」の軌道直下点の軌跡

2015

2015年12月10日

金星探査機「あかつき」の快挙

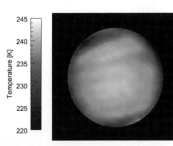

中間赤外線金星（あかつき 2012.12）

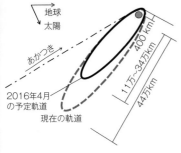

「あかつき」金星周回軌道（口絵 47）

　日本の探査機が初めて大きな惑星を回ることに成功しました。快挙です。それも、2010年に一度軌道周回を試みてうまく行かず、5年を経た今年、再度チャレンジして達成したので、関係者の喜びもひとしおでしょう。

　あの「はやぶさ」が地球に帰還した1ヵ月前、2010年5月、種子島宇宙センターを飛び立った探査機「あかつき」は、その年の12月7日に金星に近づき、搭載したロケットエンジンで減速し、金星の重力にとらえられて周回するはずでした。ところが新開発のセラミックエンジンが破損して目標は果たせず、再び太陽周回軌道に戻ったのです。

　落胆していた「あかつき」チームは、しばらくすると元気を取り戻してリベンジのチャンスを探り、5年後に「あかつき」が再び金星に巡り会う機会に、姿勢制御用の小型エンジンによって、再び金星を回そうと意欲を燃やしました。実は、軌道には入れなかったものの、観測機器はすべて正常だったのです。

　「はやぶさ」に太陽の光が当たらないと、内蔵のバッテリーで活動を続けなければならないのですが、その時間はそんなに長くありません。日陰の時間が短くて済み、科学観測の時間も十分に長いような軌道が、死に物狂いで計算されました。

　もともとは4年間観測する予定だったので、すでに各部品の設計寿命は1年以上過ぎています。また、想定外の軌道なので予定よりも太陽に近づいたために、コンポーネントの劣化や損傷の恐れもあります。小型エンジンのガスを噴射する出口のバルブ（弁）も、入念な準備が行われました。

　偶然にも5年前の悪夢と同じ日、さる12月7日、8時51分（日本時間）、小型エンジンの作動が開始されました。バルブは見事に開き、約20分間の噴射を経て、「あかつき」は見事に金星を回る軌道に投入されました。一度漂流状態に陥った探査機が、再びよみがえっ

雲：LIR
（中間赤外線）
2015.5.21
25万km

硫酸の雲：UVI（紫外線イメージャ）　地表：IR1（1μm赤外線カメラ）
「あかつき」のカメラがとらえた金星画像

て惑星を周回するなんて、世界で初めてのことです。世界は驚いてます。

　これから「あかつき」は、軌道調整し観測機器チェックをして、来年4月から本格的に金星大気の謎に迫ります。すでに「あかつき」は、テストと準備を兼ねて観測を開始しています。4月にめざす軌道は図のようなものです。地球とよく似た「双子星」として誕生した金星が、なぜ今のような厳しい環境になったのか、「あかつき」チームの送ってくるデータに注目しましょう。

2015年12月16日

日本の6代目のX線天文衛星「アストロH」の打ち上げ迫る！

　日本の来年の「宇宙」の幕開けは、2月12日に種子島を旅立つX線天文衛星「アストロH」の打ち上げ。1979年の初代X線天文衛星「はくちょう」が大活躍してから、6代目にあたります。H-ⅡAロケット30号機によって、地球を回る高度約575kmの円軌道をめざします。

　実は、「はくちょう」の3年前に「CORSA-a」というX線天文衛星を打ち上げたのですが、このときは打ち上げたミュー・ロケットのコンピューターに記憶させていた1段目と2段目の姿勢基準が、発射のショック

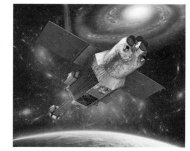

アストロH衛星の外観

2015

で入れ替わってしまうという劇的なアクシデントによって、軌道に到達できなかったのです。そのとき軌道監視の任務についていた私にとって、忘れ得ぬショッキングな事故でした。あれからちょうど半世紀が経った2016年に宇宙へ飛び立つ「アストロH」には、特別の感慨を覚えます。

「はくちょう」によって宇宙科学の分野で国際舞台に堂々と登場して以来、日本は、小規模ながら数々の科学衛星の軌道投入と、ハレー彗星探査への参加などを皮切りに、X線天文学、宇宙プラズマ物理学などにおいても世界的な業績を挙げました。スペースシャトル「チャレンジャー」の事故の後には、著名な物理学者フリーマン・ダイソンがアメリカ議会で、「大艦巨砲主義を排し、1年に1機ずつ、小さいけれども着実に衛星を打ち上げて立派な貢献をしている日本のやり方に学ぶべきだ。彼らの戦略は、"Small, but quick is beautiful."」という証言がなされたほどです。現在では天体物理学での貢献も、X線のみならず、電波から赤外線・紫外線・ガンマ線にまで広がっており、現地探査の足も、「かぐや」（月）や「はやぶさ」（小惑星）、「あかつき」（金星）など遠く伸びています。

私たちが地表から見ている宇宙は、静かに悠然と広がっているように見えますが、X線では、ものすごい爆発・衝突を繰り返している激動する宇宙の姿が見えま

「アストロH」の観測装置

す。「アストロH」は、ダークエネルギーやダークマターに支配されながら、「見える物質」が大規模な銀河団を作ってきたプロセスや、多数の銀河の中心に君臨する巨大ブラックホールの生い立ちに切り込み、また中性子星やブラックホールにおける極限状態での物理法則を探ります。

X線は、私たちが目で見ている光（可視光線）の仲間で、電波・赤外線・紫外線と同じ電磁波の一種です。レントゲン写真や空港の荷物検査などで使われるように、X線は高い透過力を持っていますが、その透過力をもってしても、地球の大気の「壁」をこえて、宇宙空間から地表へ到達することはできません（右図）。宇宙空間から到来するX線をとらえるためには、X線望遠鏡を人工衛星に搭載し、大気の外へ出ることが必要なのです。

その X 線が宇宙からやってきていることがわかったのは、実はほんの50年ほど前（1960年代）のことです。それからほどなく1979年に打ち上げられた日本のX線天文衛星「はくちょう」は、高エネルギーで躍動する宇宙の多彩な舞台を浮き彫りにし、日本は一挙に X 線宇宙観測で世界をリードする存在になりました。以来、「てんま」、「ぎんが」、「あすか」、「すざく」と、この地球の空には、ほとんど常に日本のX線天文衛星が活躍してきました。そしてこのたび、その後継機である「アストロH」の旅立ちを迎えるのです。

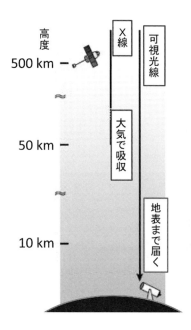

X線と可視光線の透過性

「アストロH」は、いくつもの新技術への挑戦（図3）によって、80億光年先もの遠方（過去）を、これまでの衛星をはるかに凌駕する能力で観測します。とりわけ、軟X線分光検出器は、「X線マイクロカロリメータ」と呼ばれる技術を用いる分光観測を、衛星として世界で初めて実現する、ASTRO-Hの目玉の装置です。これにより、激しく進化する新しい宇宙の姿が浮き彫りになると、世界の科学者たちは大きな期待を寄せています。

東日本大震災における被災地域の人々の、たくましく精神的に高い乗り越え方が世界に絶賛され、スポーツにおいても日本人のチームワークが、世界中の人々の注目するところとなっています。来年もみんなで「洛陽の紙

「アストロH」に搭載されるマイクロカロリメータ

2015

価を高からしめる」活発な1年にしましょう。

まずは、「アストロH」の無事な旅立ちを祈りつつ、来年もよろしくお願いします。

2015年12月22日

2015年の「宇宙」を振り返って

カザフスタンに無事帰還した油井亀美也飛行士

「ひまわり8号」がとらえた台風11号（気象庁提供）（口絵48）

高い山脈が連なる冥王星の表面（NASA提供）

　2015年は、12月に入ってから、日本の「宇宙」では快挙が続きましたね。12月3日に「はやぶさ2」が地球スウィングバイを成功させて小惑星「リュウグウ」を追う軌道に乗りましたし、7日には「あかつき」が金星周回軌道への投入に再挑戦して見事に5年前の投入失敗のリベンジを果たしました。そして11日に油井亀美也飛行士の地球帰還。今年は、種子島から打ち上げたロケットがすべて成功しましたし、まさに日本の宇宙活動は安定した実力を発揮した1年となりました。

　2011年のスペースシャトルの引退の後、国際宇宙ステーション（ISS）への宇宙飛行士たちの輸送は、ロシアの「ソユーズ」だけに依存していますが、今年もそうでした。来年もそうなるでしょうが、今年は飛行士たちの1年間の宇宙滞在が開始されるという記念すべき年となりました。油井亀美也飛行士の活躍も素晴らしかったし、とりわけ外国の補給船が不具合を起こす中で、日本の「こうのとり」が日本人のチームワークを軸にして、見事に補給を果たし、日本の存在感を高めたのもよかったですね。

　この「こうのとり」のオペレーションに見られるように、私たちの国は、一生懸命に他の国を追いかけているというよりは、すでに自力で世界の進歩に貢献する力を持った国に成長していることを、しっかりと心にとどめておいてください。

　夏に本格運用を開始した「ひまわり8号」は圧倒的な解像度を誇り、特に台風の観測では、まさに世界一の気象衛星となっているのも心強い限りです。アメリカの議会では、「アメリカが日本の気象衛星の後塵を拝して

いていいのか」という不満を表明する議員さんがいたらしいですよ。

　世界的にも、惑星探査の世界では、新たな挑戦が道を拓きました。火星表面を動き回っているNASAのローバー「キュリオシティ」は依然として詳細に火星のことを調べており、NASAの探査機「ニューホライズンズ」が、これまでぼんやりとしか見えていなかった冥王星の異様な世界をくっきりと浮き彫りにしてくれて興奮しました。ヨーロッパの探査機「ロゼッタ」も、チュリューモフ・ゲラシメンコ彗星が太陽に接近して活動を最大限に活発にしている姿を、ダイナミックにとらえてくれて、圧巻でしたね。

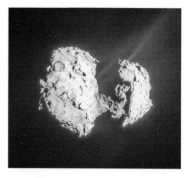

太陽に近づきガスを噴出するチュリューモフ・ゲラシメンコ彗星（ESA）

　彗星探査と言えば、1980年代のハレー探査の期間を懐かしく思い出します。あのときは、宇宙時代になって初めて「飛び道具」を使って行う彗星観測でしたから、ヨーロッパ、ソ連、アメリカと組んで、背伸びしながら懸命に働いたものです。日本が宇宙先進国に伍して取り組んだ初めての国際的なチャレンジでした。当時知り合った世界中の友人たちは、その後長い間、日本の宇宙科学の、そして私自身の貴重なサポーターになってくれました。

　来年は、「はやぶさ2」の旅、「あかつき」による金星観測など楽しみなオペレーションが続行します。また来年、お会いしましょう。よいお年をお迎えください。

2016

2016年1月6日

2016年の日本の「宇宙」を展望する

軌道上の「アストロH」のイメージ（イラスト：池下章裕）

訓練中の大西卓哉飛行士（ガガーリン訓練センター、JAXA提供）

ひまわり8号の捉えた台風9号と、ひまわり8号・9号（気象庁、JAXA）

みなさん、明けましておめでとうございます。今年もよろしくお願いします。

さて今年も日本の宇宙活動は前進を続けます。まずは、2月12日に予定されている、日本で6代目のX線天文衛星「アストロH」の打ち上げ。ブラックホール、超新星などの高エネルギーの世界に挑みます。夏には、強化されたイプシロン・ロケットの2号機が、内部磁気圏の謎に挑むジオスペース衛星「エルグ」を鹿児島の内之浦発射場から軌道に乗せます。

5～6月には、日本人として11人目の宇宙飛行士、大西卓哉さんが国際宇宙ステーション（ISS）に向かって、カザフスタンのバイコヌール宇宙基地を飛び立ちます。そのISSへは、今年も日本の補給船「こうのとり」が物資を届けることになっています。国際社会の中で日本が果たす重大な責務です。

世界一の気象衛星「ひまわり8号」は、鮮明な画像を届けてくれていますが、今年はその後継機「ひまわり9号」も軌道に乗るので、日本のみならず、アジアの気象情報は一層充実したものになり、災害時のモニターも強化されるでしょう。

問題を多く抱える地球の環境についても、その変動を長期にわたって広域に調べ上げるGCOM-C（気象変動観測衛星）が、地球上のさまざまなデータを取得し、温暖化などのメカニズムの解明や黄砂の飛来状況を監視し、海洋プランクトンの観測による漁場推定など、私たちの生活にとって大切な情報を豊富にもたらしてくれるでしょう。

もちろん現在軌道にいる10機を優に超える衛星・探査機も、昨年に引き続いて活躍してくれます。特に、昨年12月初めに金星周回へのチャレンジに成功した探査機「あかつき」が、この灼熱の惑星の輝くようなデータを次々に送ってくれるのが楽しみですし、地球スウィングバイで小惑星「リュウグウ」を追いかける大きな太陽

周回軌道に入った「はやぶさ2」も2018年の到着へひた走ります。
　ともに宇宙をめざす世界の人々と肩を組んで奮闘する日本の宇宙活動の姿を、今年も思い切り楽しみながら、未来への大きなステップを築くものにしたいものですね。

気象変動観測衛星GCOM-Cの軌道上のイメージ（JAXA提供）

2016年1月13日

ブラックホールを可視光線で観測──史上初の快挙

　宇宙で最も謎の多い天体の1つと考えられている「ブラックホール」は、光も吸い込んでしまうために、直接観測できません。ブラックホール周辺の天体から引き込むガスの、まさに断末魔のX線を高解像度の機器でとらえ、その性質を調べて研究してきました。

　これまで観測されたブラックホールの中で、「はくちょう座V404」と名づけられた星は、いちばん地球に近いと思われるブラックホールを主星として持っている天体で、これまでの観測から、X線で時々起きる爆発的な増光（アウトバースト）が知られ、その増光の最中にものすごく激しく（X線の強さが）変動することで知られていました。

ブラックホールのイメージ（NASA提供）

　この星は、これまでに激しい増光が約十数年おきに起きていて、前回が1989年でしたから、世界の科学者たちは、2000年ごろから、次の観測のチャンスを固唾をのんで待ち受けていました。それが昨年の夏（6〜7月）に、ついに起きたのです。世界中の観測天文学者が観測態勢に入りました。まず、アメリカの「スウィフト」衛星が増光をX線望遠鏡でキャッチし、次いで国際宇宙ステーション（ISS）の日本実験棟「きぼう」の船外実験プラットフォームに搭載されている全天X線監視装置（MAXI）が、やはりX線で確認しました。

アメリカの衛星「スウィフト」

　しかも今回の増光発見から2分30秒後には、京都大学を中心とした日本の研究チームが可視光での増光を見

2016

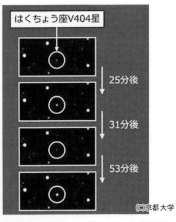

京都大学が発見した「はくちょう座V404星」の可視光での変動

出し、世界各地で大規模な連続測光観測が開始されました。そして日本・台湾・ロシアなどが進めている大規模な国際協力で、可視光線による史上最大の測光データを得るに至りました。

　それらのデータをスウィフト衛星のデータと比較することにより、この可視光線の領域での激しい変動が、まさしくこのアウトバーストを起こしているブラックホール近傍から出たものであることも証明されました。人類は、これまでX線でしか検出できなかったブラックホール近傍の可視光線での変動をとらえることについに成功したのです。

　科学の世界では、国際協力が大規模に進められ、競争と同時に力を合わせて真理を追究することが、いわば「当たり前」のことになっています。学問的な議論に国境はありません。これは平和への雛型として、人類が共有できるものが芽生えていることを示しています。理性をもって、このパイオニア的な世界を発展させるべきだと思います。

　来る2月12日には、日本のX線天文衛星「アストロH」も打ち上がります。今後の研究・観測から、どのような世界が開けていくか、楽しみに待つことにしましょう。

2016年1月20日

宇宙輸送の新時代を担うアメリカの補給船3機
── NASAが新たに契約

スペースX社の「ドラゴン」宇宙船

　多くの飛行士たちを宇宙へ運んだスペースシャトルが2011年に老朽化のために引退して以来、有人宇宙輸送の主役がロシアの「ソユーズ」に移った感がありました。しかし宇宙ステーション（ISS）への物資の輸送については、日本の「こうのとり」、ヨーロッパのATV、ロシアのプログレスなどの補給船が、支障なく輸送していました。

　そしてNASAが地球周辺の輸送手段を民間企業の力

に頼る戦略を打ち出し、最近では、スペースX社の「ドラゴン」、オービタル社の「シグナス」の2機が、ISSへの物資補給の重要な一翼を担っています。

そしてNASAはこのたび、新たに民間企業と宇宙輸送の乗り物について2019年から2024年までの契約を結び、上述の2社に加え、シエラネバダ社の「ドリームチェイサー」という宇宙船も採用することを決めました。もともと「ドリームチェイサー」は、「ドラゴン」「シグナス」とともに有力候補に挙がっていた宇宙船です。

この3機のうちでは、「ドリームチェイサー」だけが、スペースシャトルのような翼を持っています。地上から飛び立つ際には、ロケットに搭載されて打ち上げられますが、ISSに物資を運んだ後に宇宙から帰還するときには、スペースシャトルのように水平に着陸します。「シグナス」は使い捨て、「ドラゴン」はパラシュートで帰還するので、「ドリームチェイサー」は、何だかカッコいい感じはしますね。

NASAは、3機とも少なくとも6回以上物資輸送を担当して欲しいと考えており、2019年以降1年に計4回くらい、これらの補給船をISSへ派遣する計画のようで、今年中には最初の打ち上げ予定を発表します。打ち上げロケットはそれぞれ、ファルコン9（ドラゴン）、アンタレスまたはアトラスV（シグナス）、アトラスV（ドリームチェイサー）です。

なお、人間をISSへ運ぶのも、現在は「ソユーズ」だけに頼っていますが、早ければ来年には、スペースX社の「有人型ドラゴン」とボーイング社の「スターライナー」が、アメリカ固有の有人輸送機としてデビューするかもしれません。人間の宇宙への夢をかなえる手段が多様に発展していくことは、非常にいいことだと思います。未来への大事なステップとして期待したいですね。

ISSにドッキングしたシエラネバダ社の「ドリームチェイサー」宇宙船（想像図）

ISSのロボットアームに把捉された「ドラゴン」宇宙船

2016

2016年1月27日

太陽系に第9の惑星発見か？！
―― 海王星のはるか彼方

新惑星発見か―カリフォルニア工科大学の二人の科学者（マイク・ブラウン（左）とコンスタンティン・ミティーギン）

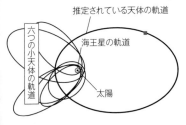

新惑星かも知れない天体の軌道（Caltechの資料を基に筆者作成）

ハワイ・マウナケア山頂にある日本の「すばる望遠鏡」

　2006年にチェコのプラハで開かれた国際天文連合（IAU）の会議で、「惑星」というものの定義が見直され、次の3つの条件を満たすものだけを惑星と呼ぶことに決まりました。それは、①太陽を回っている、②質量が十分にあってほぼ球形である、③軌道の周辺に他の天体が存在しない。それまで「惑星」と言えば、私の世代は「水金地火木土天海冥」と教わっていて、9番目に冥王星がありました。

　ところがプラハの会議で新たに定められた惑星の定義の③にそぐわないという理由で、冥王星だけが惑星の仲間から外されました。現在は私たちの太陽系の惑星は8つということになり、冥王星は新たに作られた「準惑星」というグループの仲間入りをしたのです。冥王星は、1930年にアメリカのトンボーが発見しました。アメリカ人が発見した唯一の惑星だったので、アメリカ人にとっては惑星でなくなったことは実に惜しいことでした。

　ところがこのたび、そのアメリカのカリフォルニア工科大学の2人の科学者が、惑星の資格を持っているかも知れない天体を発見したのです。彼らは、海王星の向こうに数多く群れをなして存在しているカイパーベルト天体の仲間の中に、奇妙な動きの6つの小天体があるのに気づき、それらの小天体の動きを説明できるのは、図のような天体を仮定すればよいと考えるに至ったのです。本当ならば大発見です。

　彼らは、巧みな計算の結果、この天体の重さは私たちの地球の10倍くらい、天体の直径が地球の2倍くらいで、この天体と太陽との平均距離は太陽と海王星の距離の20倍くらい。1万年から2万年くらいかけて太陽の周りを回っている、と推定するに至りました。ハワイにある日本の「すばる望遠鏡」のような高性能の望遠鏡ならば、この天体を見つけてくれると思われます。もし存

在が確かめられ、IAUによって惑星と認定されれば、冥王星に代わって、アメリカ人の発見した惑星が新たに登場することになります。今後の事態の進展を興味深く見守ることにしましょう。

　人類の文明、人類の活動領域は、私たちの先祖が東アフリカに誕生して以来、この星のもとでだけ育ってきました。その歩みを他の惑星に広げることを「夢想」すると、どうしても太陽系の「広がり」ということを意識せざるを得ません。私たちの「惑星」の仲間が、どのような範囲に分布しているかということは大切な要素ですね。

2016年2月3日

宇宙飛行の歴史での事故
――尊い犠牲を永遠に忘れないように

　今からちょうど30年前、1986年1月28日、アメリカ・フロリダのケネディ宇宙センターを飛び立ったスペースシャトル「チャレンジャー」の雄姿を、私はテレビで見つめていました。飛行士の家族の人々が打ち上げのシーンに喝采を送る嬉しそうな笑顔が映し出された直後、チャレンジャーが大爆発を起こしたのです。7人の飛行士が痛ましい犠牲になりました。シャトル史上初めての死亡事故。世界が悲しみに包まれました。

　その17年後、2003年の2月1日には、スペースシャトル「コロンビア」が任務を終えた帰途、突入してきた大気圏で、もうじき帰り着くというときに、空中分解を起こし、またもや7人の飛行士の命が失われました。

　旧ソ連のユーリ・ガガーリンが1961年4月に、人類史上初めて宇宙へ飛び出して以来、今日までに、飛行中の事故で命を落とした宇宙飛行士の数は19名に及びます。訓練中の事故で亡くなった飛行士は11名、それに、飛行士でなくても、発射台の事故などによって少なくとも70名あまりの地上勤務の人々が死亡しています。

スペースシャトル「チャレンジャー」の爆発

スペースシャトル「コロンビア」の空中分解

2016

コマロフ飛行士とソユーズ1号の残骸

　飛行中の死亡事故はことごとくがソユーズとシャトルですが、その中には、1967年4月にバイコヌールを発ったウラジミール・コマロフの乗ったソユーズ1号が含まれています。軌道にいるうちに宇宙船の調子がおかしいというので、地上から彼に警告を発したところ、彼は奥さんを呼んでくれと言い、モスクワの管制室にコマロフの奥さんが駆けつけました。もう会えないかもしれない夫婦が15分ぐらいの「最期の会話」を交わす気持ちは、想像するのも辛いことです。やがて時間が来て、コマロフは敢然と手動の操縦に挑みました。しかしソユーズ1号は地上に激突し、生還はできませんでした。

　人類が宇宙に進出する歴史には、雄々しく飛び立つ勇姿だけでなく、このように多くの尊い犠牲が捧げられています。私たちみんなが宇宙を生活の場とする時代が近づいていますが、命を賭した過去の飛行の数々を、感謝とともに決して忘れないようにしましょうね。

2016年2月9日

 ## 彗星の内部に空洞なし——「ロゼッタ」探査機の成果

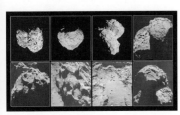

「ロゼッタ」が取得したチュリューモフ・ゲラシメンコ彗星の画像（口絵49）

　「彗星本体の内部に空洞があるか？」——という問いは、世界中の科学者たちが数世紀にわたって取り組んできた問題。ヨーロッパ宇宙機関（ESA）の探査機「ロゼッタ」は現在チュリューモフ・ゲラシメンコ彗星（C-P彗星）のまわりを周回しています。「ロゼッタ」による6ヵ月にわたる詳細な観測データから、このたび「彗星内部に空洞は存在しない」という結論が導かれました。

　彗星は一般に、約46億年前に私たちの太陽系が生まれたころに地球や木星のように大きな惑星に成長することなく、「残骸」のように取り残された天体だと考えられてきました。アメリカのフレッド・ホイップル（1906-2004）は、その彗星の本体が氷とダスト（塵）が集まってできている「汚れた雪玉」（dirty snowball）

と表現しており、このモデルは、1980年代のハレー彗星探査を始めとするたくさんの彗星観測のデータから確かめられています。

これまで世界の探査機が訪れた彗星は8個あり、これらのミッションから、この太陽系のはじまりの様子を伝えてくれる「タイムカプセル」のような天体について、いろいろなことがわかってきていますが、わからないことも数多くあります。彗星が雪玉で、内部に氷とダストがびっしりと詰まっているとすれば、その密度が水よりもかなり大きくなるはずですが、観測結果によれば、密度は水よりも極端に低いようなのです。ということは、「内部に大きな空洞が存在しているのだろうか、あるいは低い密度だけど一様なのだろうか？」——大きな謎でした。

フレッド・ホイップル博士（NASA）
（1906-2004）

科学者たちは、探査機「ロゼッタ」に搭載した、カメラ・電波・軌道を始めとする詳細な観測データを解析した結果、「C-G彗星は、密度は非常に低いが内部に空洞がある可能性はない」と結論づけました。ロゼッタがC-G彗星を周回する軌道は、当然ながら彗星からの引力だけでなく、地球を含む他の惑星の引力も受けて変化していきます。それらの彗星以外の影響を慎重に引き算をして、オーストラリア・パースの北方150kmにあるESAの直径35mアンテナが「ロゼッタ」から受け取る電波の周波数の変化（ドプラー効果）を解析した成果が、このたびの快挙です。因みに、はじき出された数字は、彗星の体積は18.7立方kmくらいで100億トンくらいの重さですから、密度を計算すると0.53です。水の半分くらいの重さですね。

オーストラリア・ニュールチアにあるESAの深宇宙通信用大型アンテナ（ESA提供）

彗星も小惑星も「太陽系の化石」と呼ばれ、科学にとって大切な存在です。しかし少し未来を展望すると、これらが私たちの生活に必要な物資・資材を提供してくれる天体になる可能性も秘めています。軽視しないで、その探査の成果を共有していきましょう。

2016

2016年2月10日

衛生かミサイルか？——北朝鮮の「衛星」打ち上げに思う(1)

北朝鮮の「銀河」の打ち上げ

「銀河」の予想経路と実際の落下点

東倉里発射場

　北朝鮮がわずか1ヵ月前の「水爆」実験に続いて、さる2月7日、またまた挑発的な「衛星」打ち上げを敢行しました。北朝鮮のロケット「銀河」に搭載された「光明星4号」は、アメリカの軍事レーダー追跡に基づいた発表の数字が正しいと仮定すると、衛星は最終段ロケットの残骸とともに、高度約500kmの略円軌道に投入されているようです。ただし、北朝鮮は「地球観測衛星の打ち上げ」とうそぶいていても、私の計算では、地球観測に適した太陽同期軌道からは外れているようです。

　政府もマスコミも「あれは衛星打上げだったのか、ミサイル発射だったのか」という二者択一の議論で持ち切りですが、北朝鮮当局の狙いが、国内的には「衛星打上げによる国民の意気高揚」に、対外的には「ミサイル技術の進歩による威嚇」にあることは、火を見るより明らかで、そのことをもっともっと直視する必要があると思います。

　体の内部から物体を高速で吐き出し、その反動で進んでいく飛翔は、「反動推進」と呼ばれます。この原理で飛ぶものの代表格であるジェット機とロケットの違いは、前者が燃料を燃やす酸素を周囲の大気を吸い込んで使うのに対し、後者はその酸素も最初から携行するところにあります。では「ロケット」と「ミサイル」の関係は？

　衛星はロケットを使って打ち上げます。ミサイルもそのロケットの一種で、いわば、ロケットはミサイルよりも高位の概念です。「衛星打上げロケット」と「ミサイル」の違いは、ペイロードとして搭載している物体が、軌道に乗る衛星か爆薬を積んだ弾頭かというところにあります。どちらも、まずは宇宙空間の狙った領域を予定された速度ベクトルで通過することをめざします。この目標の達成度は、落下予想地点が狙い通りだったかどうかで、だいたいの様子は判断できます。東倉里発射場か

ら打ち上げられた「銀河3型」ロケットは、左頁の真ん中の図のような径路をたどって衛星軌道に到達しています。データを見る限り、若干の崩れはありますが、北朝鮮の技術者たちにとっては、ほぼ満足できるものだったのではないかと思われます。これを技術上の第一段階とすれば、第二段階として、その後に両者のミッションは分かれ、姿勢を整えて上段ロケットが正常に燃えれば衛星軌道に乗るし、ミサイルの方は大気圏に再突入して弾道飛行をしつつ、一路地上あるいは空間のターゲットに誘導されて行きます。

　さて、北朝鮮は、地球観測衛星を打ち上げたと言いながら、衛星軌道には乗ったものの、衛星との間で交信している様子はないし、地球観測と言いつつ、そんなデータを獲得したという報も皆無です。そのことを残念がっている様子もありません。また大気圏に再突入した弾道ミサイルの誘導の能力については全く未知数で、まだ技術的に大きな壁があるものと推測されます。

2016年2月11日

「危険な開発」と世界の責務
―― 北朝鮮の「衛星」打ち上げに思う(2)

　今回の打ち上げの北朝鮮技術者の狙いは、宇宙の目指す領域に物体をきちんと運べることができるかどうかを確認することではないかと思われます。もちろん彼らも「地球観測衛星」に最適の軌道への衛星投入を狙ったに違いありません。しかし、優秀な技術者であればあるほど、技術の開発を段階を踏みながら確実に前進させる必要があることを知っています。上記の目標は、ミサイル開発にも欠かせない第1段階の技術なのです。その技術を獲得したと確信できれば、次のステップとして、宇宙から機体を誘導して地球に戻す技術に挑むでしょう。

　ミサイルの誘導とは、地上からの指令なしで、自動操縦で目的の場所まで飛んでいく技術です。北朝鮮のこれまでの開発過程から見て、今回、「衛星」が軌道に乗っ

スプートニク衛星を打ち上げたロケット

アメリカのエクスプローラーを打ち上げたロケットの原型レッドストーン・ミサイル

たとしても、まだ技術的に安定したとは言えないでしょう。北朝鮮の技術は独自に開発したものではなく、旧ソ連から入った可能性が高いし、恐らくは中国の協力も得てきていると思われます。独力で開発していないので、どうしても不安定さを伴います。打ち上げ回数もまだ少ないですしね。

世界の宇宙開発の歴史を振り返ると、ミサイルを開発し、それを衛星や有人宇宙船の打ち上げに転用して使ってきました。1957年に旧ソ連が世界初の人工衛星スプートニク1号を打ち上げましたが、そのときに使ったのは、世界初の大陸間弾道ミサイル（ICBM）を転用したロケットでした。アメリカで1960年代に有人宇宙船を打ち上げたのも、ICBMの転用です。技術者の思いはどうであれ、開発には多額の資金がかかります。国がその費用を賄う理由として軍事目的にならざるをえなかった所以です。

日本は第2次大戦後に宇宙への挑戦を開始し、ロケットの開発も含めて、ごく最近まで「平和利用」に特化してきました。そうした意味では世界でも例外的存在でした。残念ながら昨今は違いますが。

北朝鮮はこれからも、世界の抗議をよそに、何度も同じような打ち上げを敢行するでしょう。その際にあの国で従事している技術者は、恐らくは身を賭して開発に取り組んでいるに違いありません。ですから、やればやるほど技術者も技術も確実に進歩していきます。国際社会はそのことを決して忘れてはならないと思います。

だから、衛星打上げかミサイルなどを議論するのではなく、また衛星になったけれども技術はまだまだだとか言って胸を撫で下ろすのでもなく、一刻も早く北朝鮮包囲網を真剣に敷いて、危険な技術開発の進歩に終止符を打つことが、国際社会に求められています。日本の政府はその先頭に立つべきです。

「マンハッタン計画」で原爆開発の先頭に立った多くの物理学者のことを想起しましょう。科学者・技術者は、保有している科学と技術については高い能力がありますが、政治的には非常に弱い人たちです。積極的に軍事開発に色目を使いたがる人だってたくさんいます。早

く開発の流れを止めることが、政治と世論に求められている現代だと思います。

2016年2月12日

新しい日本人のこと——北朝鮮の「衛星」打ち上げに思う(3)

　北朝鮮の衛星打ち上げのことは、その危険度を考えているうちに、宇宙と平和にまつわる過去のいろいろな事柄を思い出させてくれます。話せばキリがないので、今週と来週、1つずつ、忘れられない思いに触れておきます。

　話は溯ります。数年前、久しぶりにローマを歩いて疲れ果て、駅のそばで石に腰かけ、道行く人たちをボンヤリと眺めていて、ふと思ったのです。この歩いているイタリア人たちに「織田信長って知ってますか？」と訊いたらどうだろう？　おそらく百人が百人、首をかしげるだろう、と。

　19世紀までの日本は、それだけ世界の歴史からは独立した歩みをしてきました。古くはアフリカを出発してアジアに移動した人類の一部分が、下図のような径路をたどってこの列島に流れてきたわけですが、何度かの波を経て古代より長期にわたって、南から西から北から進入してきた他国の文化を、この島国の人間は好奇心旺盛に受け入れ、この国の風土に合うように見事に作り替え、生活に採り入れてきました。その点では容量も大きく、それに器用なのです。

東日本大震災の救援物資を行列して受けとる日本の人々

アフリカから世界へ拡散した人類の足跡

2016

　そうやって作り上げた独特の日本文化を他国へ発信する点については？　東の海が広すぎたか。島国という特質が響いたか。それに縄文の昔からこの国は豊かすぎたか。あまり他国へ伝えようとした形跡はありません。そんな国でなくては、だいたい200年以上も「鎖国」なんてできるはずがないのです。

　作り上げた文化が、他国の文化と異質だったために、よその人たちはそれを有難がらなかったという事情もあったでしょう。和辻哲郎のいう「モンスーン型」の文明は、欧米の乾燥地帯の文明には適用ができないとも思えます。

　20世紀に入り、日露戦争はある意味での引き金になったでしょうが、日本人は世界に出ました。この100年、紆余曲折はあったが日本は経済大国にのし上がりました。正直言うと、欧米の巷で日本のことを聞くと、車、カメラ、電化製品などについては驚くほど「メイドインジャパン」の評判は高いのですが、日本文化や日本人についてはそれほど知られていません。彼らにとって日本人は依然として「エコノミックアニマル」です。しかし私たち自身には自明の「日本人の特質」が絶賛される日がやってきたのです。皮肉なことにあの3月11日の後ですね。被災地域の人々の様子が、インターネットを通じて世界中につぶさに報告されました。救援物資を受け取った人が、「私たちの地域より隣の町の方が被害がひどい。この物資は隣に送ってあげて」とか、モノを配ろうとすると、世界中の同様の町々の奪い合いの姿とは異なり、並んでじっと待つ人々の列。世界中から絶賛の声があがりました。「エコノミックアニマル」という評価を「節度と精神性の高い人々」という評価に全領域にわたって変えていくのが、新しい世代に課せられた「時代の任務」です。容易なことではないでしょうが、そうなのです。

2016年2月13日

「ウクライナ」問題と宇宙
――北朝鮮の「衛星」打ち上げに思う(4)

　そのむかしギリシャでは、古代オリンピックが始まると、交戦状態の都市国家も休戦したといいます。スポーツが「聖域」だったのです。現代の私たちはそのような「聖域」を有しているでしょうか。わずかながら萌芽はあります。実は今日は、そのことを述べたいのです。

　若田光一飛行士がISS（国際宇宙ステーション）で船長をしていたころ、その忙しい合間を縫って、若田さんが一通のメールをくれました。宇宙飛行士の毎日は本当に目の回るような忙しさですが、土曜と日曜日は原則として休日らしく、少しはリラックスできるそうです。家族に電話をして心を和ませたり、飛行士たちは一緒に食事をしてお国自慢に花を咲かせたり、……明日への活力を養う貴重な時間帯です。

荘厳なギリシャでの採火式

　ところが、若田さんが船長の任務を遂行している期間は、折悪しく地上でウクライナの紛争が最も激化しているときでした。とりわけ米露の睨み合いが続いていました。雲の上のことながら、私もISS内部の雰囲気にたびたび思いをめぐらせていました。何しろ当時ISSにいたのは、若田さんを除く全員がアメリカ人とロシア人だったのですから。

　ところが、オバマ大統領もプーチン大統領も、厳しい政治背景をバックにしながら、ISSにはマイナスの触れ方を一切しませんでした。淡々とISSへ（その国籍を問わず）人間を運ぶロシア。経済制裁を加えながら、ISSでの協力を粛々と進めるアメリカ。そのISSでは日本人が船長。やはり雰囲気が微妙なのだろうか？

若田光一船長とそのクルーたち

　しかしさすがに飛行士たちは特別の人たちですね。「地上では厳しい対立が続いているから、せめて宇宙だけでも、米露の人たちが素晴らしい協力をして立派に仕事をしていることを世界の人に見せようじゃないか」
――彼らは日夜励まし合いながらいつにもまして懸命に任務の遂行に励んでいたそうです。

——この構図の中に、「和の心」を持つ日本という国の独自の役割があることを、私たちはもっと積極的に認識しなければならないのではないでしょうか。「科学技術創造立国」だけでは日本人としての世界貢献は足りません。平和への揺るぎない意志を持ち、世界の未来を包み込む聖域としての大規模プロジェクトを想像し、創り上げ、先導する人々。このような未来の担い手を育まなければ——大きな夢が、私の心を駆けめぐっています。

2016年2月14日

 「狂騒」曲の始まり——「重力波発見」の裏話(1)

2つの巨大ブラックホールが回転し合って重力波を発するイメージ

アルベルト・アインシュタイン

おそらく十数億年前のこと、2つの巨大なブラックホールが近づき、お互いのまわりを周回し始めました。数億年の間は、こうしてまるでダンスをしているような状態が続いていましたが、2つのブラックホールは徐々に接近していきました。今から13億年ほど前になったころ、互いの距離が数百kmまで達すると、そのスピードは光の速さの半分くらいになり、激しい振動を伴いながらエネルギーが重力波として解放されていきました。時空の歪みも激しくなり、とうとう2つは衝突してさらに巨大な1つのブラックホールが形成されました。衝突は20ミリ秒ほどのアッという間に起こりました。新たに形成されたブラックホールの質量は太陽の62倍！大きさは北海道よりちょっと大きいくらい。放たれたパワーは、この宇宙のあらゆる星が放つパワーを合わせたよりも50倍も大きなものと推定されます。やがて「ゲップ」のような震えが最後のエネルギーを吐き出して時空は落ち着きました。

あらゆる方向に放たれた重力の波は、宇宙空間をはるかな旅に出ました。13億年前と言えば、地球では「超大陸」と呼ばれる大陸ができては離れ、またできるという劇的で壮大な「大陸移動」を繰り返している時代です。その重力波が果てしない旅路を地球に向けて急いで

いる間に、この小さな星には多細胞生物が出現し、やがてカンブリア紀の爆発的な多様化を経て、4億年ちょっと前には生物が上陸します。2億5000万年前、恐竜が出現、我が世の春を謳歌した後、6500万年前に絶滅。頭角を現した哺乳類の中から、数百万年前に現在「人類」と呼ばれる生き物が姿を現します。重力波の旅は続きます。その人類の中から現生人類の直系と思われる種族が、ネアンデルタールと呼ばれる種族に取って代わって君臨を開始した5万年前ころ、重力波がこの銀河系に進入してきました。

重力波の到来に最初に気づいたマルコ・ドラーゴ

　その後人類という生き物は自らを取り巻く巨大な自然と宇宙に関心を持つようになり、「科学」という独特の方法を創り上げて行きました。その中から約100年前、アルベルト・アインシュタインという稀有な「人類の一人」が、重力の波を（その波の1つが迫りつつあるとは知らず）予言しました。彼の理論はいろんな意味で正しいと信じられていたのでその波をとらえようと、数十年間にわたる実らぬ努力が続けられました。20年ほど前、アメリカとヨーロッパに、LIGO、Virgoという性能の優れた重力波検出施設が建設されて観測を開始し、日本にもKAGRAという施設が岐阜県飛騨市に作られてもうじき稼働開始する運びになっています。

　そんな不断の努力をしている人類のもとへ、絶妙のタイミングで、あの重力波が届いたのです。2015年9月14日午前11時ちょっと前、その波は13億年の長旅を終えて地球に到達しました。

　マルコ・ドラーゴ——その波の到来に気づいた最初のヒトの名前です。33歳のイタリア国籍の若者。大学院を出てしばらくのいわゆる「ポスドク」生。アメリカの装置LIGOは、これまでの観測がうまく行かず、性能を挙げた設備のテストにかかっていました。その検出器はルイジアナ州とワシントン州にありますが、全世界の共同研究者とコンピューターでつながっています。マルコはドイツ・ハノーファーにあるマックス・プランク研究所のコンピューターの画面で、LIGOから送られて来るデータに見入っていました。

　突然彼のコンピューターに、明らかに通常とは異なる

2016

データが現れました。時々テストでそのようなデータが使われることもあるので、最初はそれだと思いましたが、念のためそばの同僚に話して、アメリカ・ルイジアナ州リヴィングストンのLIGOオペレーションルームに電話しました。

そして数ヵ月の大騒ぎの末に出た結論──「それははるか彼方からやってきた、待ちに待った重力波の便りそのものだった」のです。それは1兆分の1cmよりもわずかな振動だったはずですが、そのかすかな「声」を、低い声から高い声までとらえるようチューニングされた世界一敏感な「耳」は聞き逃さなかったのです。

カリフォルニアに住むLIGOチームのリーダー、デイヴィッド・ライツィー教授は、このマルコが歴史的データを目にしたあの2015年の9月の日、娘さんを学校に送って行き、その足で研究室に入った途端、洪水のようなメッセージの襲撃を受けました。仰天したライツィー教授を起点に、プロジェクトに関係している全世界の数千人の科学者たちの間に、凄まじい勢いで情報と議論が飛び交い始めました。

「狂騒」曲は、このように幕を開けたのでした。（つづく）

2016年2月15日

 ## 陰の主役たち──「重力波発見」の裏話(2)

1982年、ハレー彗星の回帰を最初に検出したジェウィット（左）とダニエルソン

アメリカの重力波観測装置LIGO（ライゴ）が待ち受けていたレーザー検出器に飛び込んできた13億光年彼方の巨大ブラックホール衝突が発した波──これに最初に気づいたのがイタリアの若者マルコ・ドラーゴだったことは奇妙なことでも何でもありません。24時間、何年もにわたって監視を続ける忍耐強い作業は、多くの人々の協力を必要とします。

いや「協力」と言っては失礼かも。そのプロジェクトへの「参加」です。体力も精神力も要求される粘り強く長期の作業において、若い人が果たす役割は、どんな分

野でも非常に大きなものがあります。そしてどの分野の歴史においても、偉大な発見のきっかけを作るのが若者である可能性もまた非常に大きいものであることは疑いないところです。

そしてその「強運」に恵まれた当の若者にとって、その「偶然」は、一生の思い出になるとともに、またその後の人生を歩む力強いトリガーともなるのです。話はかなり溯りますが、今をさること30年、1985年から翌年にかけて私たちに接近してきたハレー彗星の回帰が、パロマー天文台のヘイル望遠鏡とCCDで最初に見つかったのは、1982年のこと。発見者はデイビッド・ジェウィットとエドワード・ダニエルソンの二人で、ジェウィット君はそのとき実に24歳。今回のLIGOのマネージメントで中心的な役割をしているCaltech（カリフォルニア工科大学）の大学院生でした。

アメリカの重力波検出施設 LIGO（上がワシントン州ハンフォード、下がルイジアナ州リヴィングストン）

当時ハレー彗星探査計画のど真ん中にいた私は、「ヘェーッ、そんなに若い人が……！」と絶句したものですが、その後ジェウィット君は、冥王星とその衛星カロン以外では最初のカイパーベルト天体を発見し、カイパーベルトのさまざまな性質を解明するなど赫々たる働きをします。現在は押しも押されぬ第一級の天文学者に育っています。ハレー発見の嬉しさが、その大きなバネになったことは明らかです。願わくは今回の「重力波発見」の第一報をもたらしたマルコ・ドラーゴ君が健やかに成長されんことを。

さてそれはさておき、重力波発見という快挙によってすでに、世界中で「これで誰がノーベル賞をもらうのか」という羨望に満ちた推測が飛び交っていますが、その話題はおくとして、何といってもその検出に実質的な役割を果たした大きな要素は、その装置のハードウェアとソフトウェアそのものです。CaltechとMITとを軸に構成されているLIGOのチームには1000人を超える世界中15ヵ国のメンバーがいます。その中にはカリフォルニアにあるスタンフォード大学の物理学者やエンジニアたちが何人もいて、計画の最初の段階から重要な役割を演じているのです。そして、このたびの検出を可能にした検出システムが、このスタンフォードの研究者

2016

重力波検出器をチェックする技術者（LIGO）

たちが成し遂げた学際的な業績に負うところが大きいのです。

13億年前の巨大なブラックホール衝突によって放たれたエネルギーが、この宇宙の星すべてが放つエネルギーの総和の50倍にも達したといいますが、そこから伝播してきた13億光年彼方の地球でそれを「聴く」ためには、途轍もない「耳」が必要なことは言うまでもありません。

LIGOは3000km離れたハンフォード（ワシントン州）とリヴィングストン（ルイジアナ州）に2台のレーザー検出器を持ち、それぞれがL字型に組み合わされた長さ4kmの2本ずつの腕からなっています。重力波がこのL字の腕を横切ると、歪んだ時空によって、1本の腕は伸び、1本の腕は縮みます。それによって時空の歪みを演出した波がどっち方向から来たかが判定できるわけです。3000km離れた2地点の検出器のデータを比較することによって、重力波の存在はさらに確かなものになり、方向判定も（依然として大まかではありますが）より正確になりますね。

実は、昨年9月にマルコ君が重力波の到来に気づいたとき、このLIGOの設備は、性能改良の工事をして後、まだ本格稼働していませんでした。最後の調整に入っていて、数日後には晴れて本格観測に入る予定だったのです。スタンフォードの研究者ブライアン・ランツは、LIGOの受ける波が地震波ではないことをきちんと区別する仕事などに取り組んでおり、この日もそのつもりでノートパソコンに見入っていたのですが、マルコ君が気づいたのとほんのわずか遅れて、パソコンのスクリーンに突然くっきりとした波が現れたのに気づきました。そして他のスタンフォードの同僚のコンピューターの画面にも次々と……。

極めて強い重力場を持つ2つの中性子星が互いのまわりを回り合う連星中性子星の公転周期の変化から、重力波の存在を間接的に検証して1993年にノーベル賞を受賞したハルスとテイラーという2人の科学者がいます。その見事な計算から、連星中性子星から放たれる重力波がどの程度のモノかを心得ていたスタンフォード

のグループは、今コンピューターの画面に現れた波が、それよりもっとエネルギーが高く、振動周期も短いことに気づいていました —— 何か機械の故障による雑音なのかな？？？　ランツをリーダーとするチームは、世界中で最近起こった地震のデータを懸命にかき集め、LIGOのデータに影響を与えていないか精力的に丁寧に調べました。その他にも雑音を出しそうな現象をくまなくチェックする粘り強い作業が根気よく続けられました。すべてが終わったとき、チームは結論をのです —— やってきたのは重力波である！

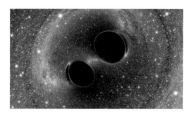

2つの巨大ブラックホールの衝突のイメージ（口絵50）

やってくるはずの重力波の検出は信じられないほど困難な仕事です。何しろ検出器のアームの伸び縮みは原子核の直径の1000分の1程度、言ってみれば、太陽と地球の間の距離が原子1個分の大きさだけ変化したのを検出するくらいの精度にあたるのですから。つまり、システムから雑音にあたるものを除くことは、最初からLIGO計画の生命線とされており、この重い任務を担ったのがスタンフォードの科学者たち（物理学者、エンジニア）だったのです。

この任務のために、スタンフォードが最初に開発したのが、1ミクロンのソリッドステートのレーザーでした。当時の技術水準に比して、はるかに信頼性が高く、また（より重要なことですが）非常に小さいのです。単一のモノリシックのチップに小型化することによって、研究者たちは、音響によって生じる揺れを極端に減らすことに成功したのです。

地球の地殻が潮汐によって動くというわずかな変化も、非常に微妙なレーザー測距をする際の鏡の位置に影響します。その鏡の位置にほんのわずかな調整を加えるのに、ダニエル・デブラ名誉教授が開発した油圧式の電磁システムが大いに役立ちました。LIGOの近くを通るトラック、列車、地震や月の動きに至るまで、およそあらゆる地面の動きが検出器の振動に変調をもたらします。こんなにゴミみたいな影響を除去するなんて、全く想像しただけで気の遠くなるような作業ですね。

レーザーは、距離を稼ぐために、鏡を何度も往復しなければなりません。そして検出器の雑音は、レーザーを

2016

世界の惑星探査の牙城ジェット推進研究所 (JPL)

反射するその鏡そのものからだってやって来ます。鏡が含む熱エネルギーが鏡面の振動を惹き起こし、それが重力波観測の邪魔をする動きとなります。改良型LIGOでは、この鏡の熱振動という阻害要因をモデル化し、それを最小化できる材料を探し吟味して設計に反映させたフェイエールの懸命な研究・開発があり、その完成の過程で協力した老若の学際的・研究所横断的な協力がありました。また鏡を支える純粋なシリカのワイヤーを開発した物理学者・技術者の努力を採ってみても、「それは物理学の実験ではあるが、光学・光通信・精密制御その他多くの分野にわたるスタンフォードの全キャンパスにまたがる数々の挑戦に支えられたものだった」(フェイエール)。

　私が1980年代に滞在したカリフォルニア州パサデナのジェット推進研究所(JPL)は文字通り世界の惑星探査の牙城ですが、ここの数々の輝かしい実績の陰に、近くのスタンフォード大学のチームの全キャンパスにわたる学際的な協力が、地味に力強く存在していることを、さまざまな場面で思い知ることがありました。人類の知の地平を切り拓くために、グローバルに人と分野の垣根を超えて展開するアメリカ科学の底力を、私は、震えるような思いで見つめています。(つづく)

2016年2月16日

ノーベル賞は誰に？──「重力波発見」の裏話(3)

記者会見時の LIGO と NSF のメンバー

　「重力波発見」の報が公になったのは、先日2月11日にワシントンのナショナル・プレスクラブで行われた記者会見。主催は全米科学財団(NSF)と当事者の重力波観測天文台(LIGO：ライゴ)の科学者たちです。大勢の記者がつめかけ、おそらくは世界の数万人の人々がインターネットで見守る中、彼らは誇らしげに「検出」を報告しました。

　LIGOチーム・リーダーのデイヴィッド・ライツィーはパサデナのカリフォルニア工科大学(Caltech)から

参加し、「重力波が私たちに話しかけてきたのは史上初めてのことです」と述べ、この計画に10億ドル以上を拠出したNSFのフランス・コルドヴァ部長は「アンシュタインが重力波を送ってくれたんですかね」とおどけてみせました。

今回の重力波検出は、大方の見るところ間違いないようであり、そうなると今年のノーベル賞受賞は確実と噂されています。とはいえ、LIGOチームには世界15ヵ国の1000人以上の科学者・技術者が関わっていますし、重要な働きをしてきた人はいっぱいいますから、一度に3人より多くの人がもらえないノーベル物理学賞を誰に授与するかは、非常に難しい選択作業になると予想されます。

候補者に挙げられる資格をもつ人は、まずその検出を成し遂げたレーザー干渉計を作り上げた人たちがおります。数十年間も探し続けてやっと見つけたわけですが、同時に理論的な考察・予言をし、その課題を提出した大勢の理論物理学者たち、粘り強く最新鋭のスーパーコンピューターでシミュレーションを続けた人たち──さまざまな人たちの中で、ざっと見まわしてすぐに名前が挙がる科学者が3人います。

その3人とは、MITのレイナー・ワイス、Caltechのキップ・ソーンとロナルド・ドリーバーです。彼らがLIGOの創設者とみなされているからです。いわゆる「トロイカ方式」でLIGOをつくりだしたのですね。彼らが創り上げ、続く25年間で後輩たちがNSFを説得して金を出させ、計画を前に進めたのです。

まずユタ生まれのキップ・ソーンは、ホーキングの本にも登場する理論物理学者。ブラックホール概念構築で大きな功績があり、タイムトラベルをするためのワームホールのメカニズムについても深く探求している人です。宇宙誕生の際のビッグバンで放たれた重力波が、地球の届くことの予言もしています。最近では、『インターステラー』の監修をしたことでも話題になりましたね。

ベルリン生まれのレイナー・ワイスは、1990年代にNASAが宇宙初期の温度分布の小さなゆらぎをとらえ

ノーベル賞メダル

講演するキップ・ソーン

ニューヨークのサイエンスフェアでのレイナー・ワイス

イギリスの科学者ロナルド・リーバー

2016

自身の製作した重力波検出器（メリーランド大学）とジョセフ・ウェーバー

たときに中心的な働きをした人。重力波観測のために干渉計を導入する際のリーダーシップをとった実験家です。実は、「すべて1972年のレポートでレイが考えていたことです」と、この途方もない計画を提案したマサチューセッツ工科大学（MIT）の物理学者レイナー・ワイスの名を挙げたのは、この計画のNFSの前リーダーだったリチャード・アイザックソン。そのレイナー・ワイス御本人も出席していて、彼は会見の最後に、「ここまで長い道のりでしたが、まだ始まったばかりです」と引き締まった口調で述べました。

ロナルド・ドリーバーは、長年Caltechにあって、LIGOを性能的に安定させるためのメカニズムを創出する際に非常に功績のあった人です。ただ現在は故郷のスコットランドにいて、先日の記者会見にも重病のため駆けつけることができませんでした。

他にもオーストラリアの何人かの天文学者、モスクワの数学者たち、バーミンガム・グラスゴー・カーディフの科学者たち、イタリアやドイツの専門家グループ、すでに触れたスタンフォードの専門家グループ、……とても数えきれないほどの人々がいます。それに賞は何もノーベル賞だけではなく、欧米にはこの分野に関係した沢山の「賞」があります。それらの賞を、重力波のグループは、これから総なめにしていくと推察されます。まあしかし、最大の注目を集めるノーベル賞に関して、私自身の個人的感想を言えば、MITのレイナー・ワイスとCaltechのロン・ドリーバーという2人の実験家こそが、最も相応しい人物と（野次馬として）見ています。

この陽子の大きさの1兆分の1よりも小さな揺れを感知する「驚くべきレーザー干渉計」は、今この世に存在する最も感度のいい検出器と言って間違いありません。混入して来るかすかな雑音をすべて除去する数々の工夫を作り出し、この猛烈な性能を達成した検出器を現出させた圧倒的なリーダー2人が、やはりノーベル賞に値するのではないでしょうか。

重力波検出に関して忘れられないパイオニアがもう一人います。故ジョセフ・ウェーバー——メリーランド

大学を拠点に重力波の検出に声を挙げた最初の科学者です。実は、2月11日の記者会見の、記者席というか観客席というか、その一番前の列に特別席が設けられ、一人の女性天文学者が静かに座っていました。ヴァージニア・トリンブル —— ウェーバーの奥さんです。

　カレッジパークのメリーランド大学で研究生活を送っていたジョセフ・ウェーバーは、1969年に重力波を検出することを提案し、他の人々が脱落していく中で、彼は辛抱強くその技術を追究していきました。このたびLIGOの重力波検出のニュースを受けとったとき、現在カリフォルニア大学（アーヴィン校）で働いているトリンブルには、熱くこみ上げるものがあったそうです。

　ウェーバーの重力波検出器へのNSFの資金供与は1987年にカットされましたが、それ以降もウェーバーは、全く資金のないままに、2000年に81歳で亡くなるまで、孤独な努力を続行したのでした。彼の検出器は、長さ2m、直径1mの純正のアルミニウムの大きなパイプでできています。1950年代に中性子星あるいはブラックホールによって引き起こされる重力波による時空の伸び縮みを計算したウェーバーは、巨大な音叉の振動を模した機器でこの振動をとらえられると確信して、この検出器を作り上げたのでした。1969年と1970年に、彼は実際に重力波を検出したという報告をしています。しかし残念ながら他の科学者による検証ができず、沙汰やみになりました。

　このウェーバーの手法はその後数十年にわたって大勢の追随者を生み、ロシアでもより大型の検出器が製作されるなどの活動がありましたが、成果に結びつきませんでした。しかしウェーバーこそは、重力波検出の実際の努力を開始したパイオニアとして、長く記憶されることになるでしょう。このウェーバーの検出器は、LIGOのレーザー干渉計があるワシントン・ハーフォードのキャンパスの展示室に、大事に展示されています。

　折からさる2月17日、日本の6代目のX線天文衛星「ひとみ」が打ち上げられ、軌道に乗りました。これから世界の重力波観測網と連携して、この「ひとみ」やアメリカの「フェルミ」衛星、ヨーロッパの「LISAパ

スファインダー」衛星などが全面的に協力する重力波の「包囲網」が敷かれるでしょう。楽しみな時代が開幕しましたね。(完)

2016年2月24日

日本の新しいX線天文衛星を打ち上げ
—— 「ひとみ」と命名

ASTRO-H

H-2Aロケット30号機による「ひとみ」の打ち上げ(種子島宇宙センター、JAXA提供)

　日本の6代目のX線天文衛星ASTRO-Hが、さる2月17日、種子島宇宙センターから、H-ⅡAロケットに乗って宇宙への旅に出ました。打ち上げ成功後に「ひとみ」と命名されました。これから3年間、宇宙の激しい現象(ブラックホール、中性子星、超新星爆発などなど)からやってくるX線やガンマ線で、数々の未知の謎に挑んでいきます。

　私たちは普段から夜空を見上げ、宇宙の輝く星たちを眺めています。昼間は昼間で太陽がまぶしく私たちを照らすのを目で見ています。これは、人間の目が捕えることのできる可視光線という波長で見ているのですね。

　でも私たちは、今では、この可視光線が「電磁波」という一家の一員だということを知っています。この電磁波には、可視光線の家族に当たる、電波・赤外線・紫外線・X線・ガンマ線というものがあり、その中でも、たとえば電波には「センチ波・ミリ波・サブミリ波」などの兄弟がいます。人間の家族の構成員は、年齢・性別などによって、親と子とか兄弟姉妹に分類されますが、電磁波の呼び名の違いはすべて波長が異なるための違いです。

　家族のそれぞれが世界を見る見方が異なるように、電磁波の波長が違うと宇宙の見え方が違います。ざっとその違いを並べただけでそれはわかります。そしてこうしたさまざまな見え方を総合して初めて、宇宙の本当の姿がわかってくるというわけです。

　ところが困ったことに、可視光線以外の電磁波は、宇宙からやって来ても、地上にいる私たちの所まで届く前

に、厚い大気によって吸収されてしまうんですね。電波とか紫外線・赤外線のように一部届くものもあるのですが、X線やガンマ線は全部大気に吸い取られてしまいます。

　だから宇宙からやってくるX線やガンマ線を観測するためには、大気の外へ出なければいけないんですね。ブラックホールや超新星爆発など、この宇宙の最も激しい現象は、ものすごいエネルギーを放出します。そんな現象からは大量のX線やガンマ線が出ますから、これを研究するとその本当の姿がわかるので、各国とも必死でX線天文衛星を打ち上げるわけですね。では次週に、この「ひとみ」について詳しく見ていきましょう。（つづく）

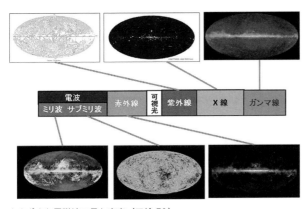

さまざまな電磁波で見た宇宙（口絵51）

2016年3月3日

史上最高の性能を持つ日本のX線天文衛星
――「ひとみ」の観測機器

　先週お話ししたX線天文衛星「ひとみ」について、詳しく見ていきましょう。
　まず写真をご覧ください。クリーンルームの中でチェックを受ける「ひとみ」の姿です。打ち上げるとき

2016

日本の新しいX線天文衛星「ひとみ」

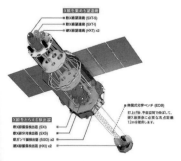

「ひとみ」の観測機器

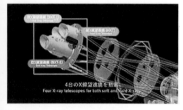

「ひとみ」の4台のX線望遠鏡

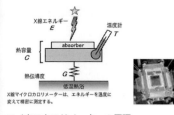

マイクロカロリメーターの原理

軌道上の「ひとみ」（想像図、池下章裕）

の「ひとみ」は、高さが8mで、周囲で働いている人たちの大きさと比較すれば、ずいぶん大きいものとわかります。

軌道に乗った後で、硬X線の撮像のために光学ベンチ（EOB）が伸びて、撮像に必要な焦点距離12mを確保するので、左図のようにもっと背が高くなります。左の真ん中の図には、「ひとみ」に乗せている科学機器が示してあります。宇宙からやってくるX線を集める4基の望遠鏡、6台（4種類）の検出器が、ビッシリと搭載されています。このうち、軟X線望遠鏡以外はすべて純国産なのです。日本の技術って大したものですね。

「軟…」とか「硬…」って何のことでしょう。「硬X線」は、エネルギーが高く透過力の強いX線のことです。皆さんの胸の検査を受ける時や空港の手荷物検査などで使います。一方「軟X線」は、エネルギーが低く、アルミフォイルでも遮蔽できるX線です。JAXA、NASAを始めとする国内外の大学・研究機関から、200名以上の科学者たちが知恵をしぼり総力を挙げて創りだし、史上最高の性能を備えるに至りました。

観測としては、まずは巨大ブラックホールがどのように生まれ育ってきたのか、その謎を解き明かすことが期待されます。私たちの銀河系の中心にもあるし、ほとんどすべての銀河の中心にある巨大ブラックホール、特にこれまで観測できなかった80億光年彼方のものまで「見える」はずですから楽しみですね。

銀河団のガスの観測からは、鉄とかマンガンとかクロムなどの重い元素の比率が、これまでにない詳しさで調べられます。この宇宙でどのように元素ができてきたのかが、よくわかるようになるでしょう。銀河団ガスの詳細観測は、今大きな謎となっている暗黒物質（ダークマター）の量を正確に推定するのに大いに役立ちます。

その他、先日検出されて話題となっている重力波の観測網との連携など、さまざまな未知の現象に挑む「ひとみ」の本格稼働は今年の末ごろになると思われます。大いにワクワクしながらその成果を待つことにしましょう。

3月5日～8日に小惑星が地球近くを通過

　2013年2月にロシアのチェリャビンスク付近に落下し1000人以上の人々を傷つけた隕石（大きさ17m）以来最大の火球が、今年2月6日、ブラジル沖上空を襲って話題となりました。

　大きさが1～20mくらいの小惑星は、1年に約30個地球大気に進入して燃え尽きると推定されています。これら地球近傍天体（NEO）の多くは、地球の大きな部分を覆っている海の上に落ちるため、人間を含む地上の生き物を殺傷することは稀ですが、それでもチェリャビンスク隕石以来、警戒感が高まっていることは言うまでもありません。

　そうした中で、3月5日から3月8日までの間に、チェリャビンスクの時より大きい30mくらいの小惑星（2013 TX68）が、地球に非常に近いところを通過します。これは、アメリカのアリゾナ州で行われているNEO観測プロジェクト（カタリーナ・スカイサーベイ）が2013年に発見した小惑星で、その時は観測データを3日間にわたって集めました。ただしその後この小惑星が太陽の前を通り過ぎたため、太陽の強い光に邪魔されて見えなくなってしまったのです。

　その3日間のデータから、地表に到達することはないと結論されていますが、地球への正確な接近距離が正確にはわかりません。3月2日現在の米国航空宇宙局（NASA）の推算によると、接近距離は、約500万km（月までの距離の約13倍）ですが、計算誤差を考えると、それが一気に静止衛星の軌道高度の3分の2（2万4000km）くらいになる可能性もあるということで、大きな幅があります。ともかく今回は地球と衝突することはまずありませんからご安心を。

　この小惑星は、現在太陽の方向から地球をめざして飛行しており、地球に最接近する3月5日～8日には、太陽からずれて急に明るくなって、地上から急に見えるようになるようです。いま世界中の観測ネットワークが

小惑星2013 TX68の軌道（NASA提供）

待ち構えていますから、そのどこかが捕まえてくれるでしょう。新しい観測結果から、軌道は正確に計算されるはずです。

　もしTX68級の小惑星が空中で爆発すれば、チェリャビンスク隕石の2倍のエネルギーを放出すると見られており、仮に地表に衝突したと仮定すると、核爆弾ほどのエネルギーを発し、悲惨な事件になることは確実です。またこれまでの計算では、この小惑星が再び地球の近くに姿を現すのは2017年9月ごろで、その後何度も接近しますが、今世紀中は地球に衝突することはないそうです。

　NASAの発表では、直径数十mのNEOは、この太陽系におそらく100万個はあると見られており、これまで人類が見つけているのは1万個くらい。今回は無事に通り過ぎるようですが、未知の天体が地球を襲うことへの私たちの対策は、決して十分とは言えませんね。

2016年3月9日

欧州の火星探査機エクソマーズ

エクソマーズを搭載したプロトン・ロケット

　来る3月14日にカザフスタンのバイコヌールから飛び立つヨーロッパの探査機「エクソマーズ」は、今年火星に向けて打ち上げられる唯一の探査機。エクソマーズはオービター「TRO」と着陸機「スキャパレリ」の2機構成です。打ち上げロケットはロシアのプロトン。

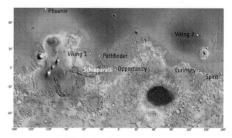

これまでの火星探査機の着陸場所とスキャパレリ・ランダーの着陸予定場所

エクソマーズ（欧露共同ミッション）の目的は2つ。第一に、火星大気中のメタンその他の微量ガスを探すこと。メタンは、地球上の場合はその90％以上が生物起源ですが、地質学的な原因でも発生するので、火星の場合にその見極めをきちんとしたいのです。

　第二に、これからの火星ミッションのキー・テクノロジーをテストすること。ヨーロッパの火星探査機は、すでに2004年に火星を回り始めた「マーズ・エクスプレス」が、現在も活躍中。2018年には「エクソマーズ2号機」が計画されており、これには、火星表面をドリルで掘削して人類史上初めて内部のサンプルを収集・分析するローバー（火星面車）を積む予定です。今回打ち上げられる1号機は、その準備・テストも兼ねているのですね。

オービターに着陸機を取り付ける（2月12日、ESA提供）

　さて、打ち上げ後、エクソマーズは、10月16日の火星到着まで7ヵ月の旅をし、その後すぐ着陸機スキャパレリがオービターから分離されます。10月19日、オービターは火星周回軌道に入り、一方スキャパレリは火星の薄い大気中を降下し、火星表面に軟着陸することをめざします。この軟着陸も、将来の2号機にとって要となる大事な技術です。

エクソマーズ2号機のローバー（想像図、2018年打ち上げ、ESA提供）

　スキャパレリは、さる2月12日、現地のクリーンルームで、制御用の燃料（ヒドラジン）を充填され、オービターにしっかりと取り付けられました。その後一連の機能テストが実施され、予定している動きがすべてちゃんとできることが確認されました。

　地球と火星はどちらも太陽のまわりを回っていて、地球から打ち上げた探査機が火星軌道に就いたときに、ちょうどそこに火星がいるためには、打ち上げのタイミングをうまく調節しなくてはなりません。打ち上げチャンスは、地球から火星の場合は約2年に1回めぐってくるのですが、それも打ち上げに適した期間が限られていて、「打ち上げ窓」と呼んでいます。今回はその「窓」は、3月14日から25日までですから、もし何かの都合で打ち上げが延期になっても、その約10日の間にどうしても発射する必要があります。打ち上げまで現地で、欧露協力の緊張した日々がつづきます。

オービターから分離される着陸機スキャパレリ（想像図、ESA提供）

2016年3月12日

 宇宙長期滞在の意味するもの

　一昨年の3月27日にバイコヌールを飛び立ったスコット・ケリーさん（アメリカ）とミハイール・コルニエンコさん（ロシア）とが、国際宇宙ステーション（ISS）で340日滞在した後、さる3月2日、「ソユーズ」でカザフスタンのジェズカズガンに帰還しました。

　ロシアには、ヴァレーリ・ポリャコフさんの連続437日という世界記録があり、またゲナーヂ・パダールカさんの879日という合計滞在記録がありますが、今回の340日という数字は、アメリカ人としての連続滞在記録であり、また彼の4回の宇宙滞在の合計が540日というのもアメリカ記録です。

　ケリー宇宙飛行士の場合、最初の2回のフライト（1999、2007）はスペースシャトルで、それぞれ8、12日間という短いものでした。2010年7月に「ソユーズ」で旅立った3回目で彼は初めて長期に滞在し2011年3月にISSから帰還しました。

　とりわけ4回目の、コルニエンコさんと共に過ごした340日のISS滞在は、将来の有人火星飛行などを展望して、懸案の放射能被曝や食事面、健康管理面でのデータ取得、悪影響を軽減するための方策を含むさまざまなテストが課せられ、それらの課題を二人はそれを快く引き受け、データ収集と問題解決に積極・果敢に挑んでいきました。

　そのような宇宙飛行士の生活・安全面での技術や配慮の点において、この1年間に多くの成果が得られたことは間違いありません。しかし得られた最高の教訓は、間違いなくもっと大切なものであったと思います。若田光一さんがISSで船長を務めた頃にウクライナ紛争が始まりました。それから絶えることなく世界各地で紛争が続いています。その度合いは、激化こそすれ、決して弱まることがありません。人類はどうやってこの危機を乗り切って行くのでしょうか。そんな情勢のもとでも、宇宙分野で、科学面での協力は常に緊密の度を加えてお

り、またとりわけISSを軸とする有人飛行での協力は粘り強く続けられてきています。今や、一人のアメリカ人、一人のロシア人が火星までの長期の飛行に耐えることができるかどうかという技術的な範疇を大きく超えて、人類が地球規模で力を合わせる事業の雛型が、米露を中心とするISSの長期滞在で試され、実証されつつあるのだという実感がします。

　したがって今回のケリー・ミッションは、2030年代を目途とする有人火星飛行に向けての医学テストの重要な布石であると同時に、国家どうしが未来の世界を築くために共に力を合わせる決意をすれば、さまざまな困難を乗り越えながら何が可能になるかという展望を切りひらくための（小さいながらも）スタートなのだと確信します。

　もう１つ、実はスコット・ケリーさんには、マーク・ケリーさんという双子の兄弟がいます。彼も実は宇宙飛行士で、NASAは、この二人が、スコット・ケリーさんの宇宙長期滞在の前後で、遺伝学的にどのような差異を見せているかも、慎重に検討しているということです。そのことも付け加えておきましょう。

2016年3月19日

「エクソマーズ１号」打ち上げ
――火星生命を探る欧露協力

　先週に述べたように、火星への有人飛行における世界の国々の協力が、宇宙の舞台における平和的な努力の現代の象徴的な課題です。一方で、地球以外の天体に生命がいるかどうかは、人類文明の未来に巨大な影響を持つ問題であり、その上で、火星という星はとりわけ大切なターゲットになっていることは言うまでもありません。

　1960年代以来の主としてアメリカの無人火星探査機の活躍で、19世紀以来唱えられていた「火星人」の存在は最終的に否定されたものの、相次ぐ火星へのアメリカの科学者の執念は、ついに火星にかつて水が大量に存

エクソマーズ2号に搭載する欧州のローバー（想像図、ESA提供）

2016

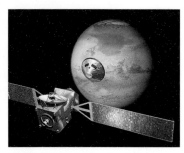

欧露協力のエクソマーズ1号ミッション
（想像図、ESA 提供）

在したこと、そして現在もその地下には液体の水がある可能性を強く示唆しています。溶けた水の存在は、生命の存在の可能性をうかがわせ、この星が依然として地球外生命探しの主人公であることを示しています。

　2009年に欧露の火星探査協力として「エクソマーズ」計画が立ち上がったときに比べると、今では、火星生命の痕跡ないしは存在を発見できるかもしれないという期待が、ますます高まってきているように見えます。その決定的な証拠をつかむために、火星表面を掘削して内部を探るアメリカの次期火星探査機「インサイト」が、搭載機器の故障で、2018年度まで打ち上げ延期になりました。

　そんな中でさる3月14日、欧露がスクラムを組んだ火星無人機「エクソマーズ1号」が、プロトンロケットに搭載されてバイコヌール宇宙基地を後にしました。これには、火星を周回しながら大気中に生命活動の徴候を探すTGO（オービター）と、火星の表面探査を行う「スキャパレリ」と命名されたランダーを積んでいます。

　TGOは少なくとも5年間は働く予定ですが、ランダーはバッテリーの働く2〜4日間だけ作動します。これらの活動は、2018年に打ち上げ予定の「エクソマーズ2号」の準備となります。2号ではロシアの表面プラットフォームから出される欧州のローバーが、いよいよ内部の掘削・土壌分析によって生命の痕跡・存在の探索に本格的に挑むことになります。

　同じ2018年には、延期されたアメリカの「インサイト」も打ち上げられ、こちらも掘削作業が組み入れられます。折から、日本でも火星の衛星フォボス・デイモスからのサンプルリターンも検討されていますし、中国、インドも新たに火星に探査機を送る計画を独自に立てています。火星への情熱の火は、しばらく消えそうにもありません。

2016年3月23日

宇宙でゴールドラッシュ到来の可能性？
—— アメリカで天体資源の所有認める法律

　1848年1月24日、アメリカのカリフォルニア州で砂金が発見され、金の鉱脈目当てに、文字通り「一攫千金」を目的として、山師や開拓者の群れがカリフォルニアをめざしました。「みんながゴールドラッシュに殺到して、ヨーロッパ中から人がいなくなった」とまで言われたこの現象は「ゴールドラッシュ」と呼ばれています。

　現在とくに小惑星と命名されている天体には、各種の鉱物資源が豊富に存在していると考えられており、その資源を採掘して地球に持ち帰ることができれば、再びゴールドラッシュが、時代と場所を異にして到来するという予想が囁かれてきました。事実、近いうちにそうした小惑星の調査に本気で取り組む企業が、アメリカを中心に出てきています。

　100万個を越えるほどの数がある小惑星の中には、地球で必要とされる量の数百倍の金や白金（プラチナ）を蓄えているものもあると考えられていますから、ゴールドラッシュという予感は、ある意味で当然と言えましょう。アメリカのある企業のウェブサイトには、探査価値のある小惑星のランキングが掲載されており、日本の小惑星探査機「はやぶさ2」のめざす「リュウグウ」が第1位（経済的価値＝約11兆円）にランクされています。

　ただし、一般の会社や個人が本当に小惑星から物質を持って帰ることは容易なことではありません。ところが、米国航空宇宙局（NASA）では、近未来に小惑星のサンプルを地球の近くまで運ぶプランがあり、2030年代には火星への有人飛行も展望しているので、小惑星からの鉱物資源を持ち帰る技術も、加速度的に明るい見通しを持ち始めていると考えている人たちもいます。

　こうした背景のもとで、昨年11月、アメリカで施行された「2015年宇宙法」は、アメリカの人間や会社

ゴールドラッシュの頃のアメリカの切手（カリフォルニアをめざすヨーロッパの船が描かれている）

探査機「はやぶさ2」と小惑星リュウグウ（想像図、JAXA）イラストは池下章裕

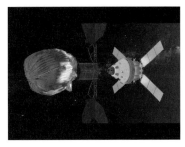
小惑星捕獲計画想像図（NASA）

が、地球以外の天体の物質を有したり販売したりする権利を認めています。でも、世界の約100ヵ国が批准している「宇宙条約」はその第2条で、国家による宇宙での領有を禁止しており、アメリカの宇宙法が宇宙条約に抵触する可能性も指摘されています。それに、金儲けにかたよりすぎる探査も問題視されており、人類の幸せな未来を切り拓く探査との関係も含め、今後国際的な議論が深められていくことでしょう。

2016年3月26日

平和の礎を築くために貢献する「宇宙」

　さてもうだいぶ前のことですが、「天文学は"あるもの"を研究し、宇宙物理学は"ないもの"を研究する」という言葉を耳にして、妙に納得したことがあります。いずれにしろ全くブラックホールとかダークマターとか新しい語が登場するたびに、想像をたくましくしてしまいます。
　それでも「重力波検出」などというニュースを受け取り、岐阜県の重力波観測装置「KAGRA」の予算がせめて1年早くついていれば、この歴史的発見は日本人の頭上に輝いていたのではないか、そうすればまたノーベル賞を日本人がもらえたのに……などというケチなナ

4つの地球
（左上時計回りに）夜の日本近傍、400km上空から見た地球(NASA)、月面から昇る地球「かぐや」撮影、JAXA、62億km彼方から見た地球(ボイジャー、NASA)

いつも地球の人びとのための「宇宙」でありたい

ショナリズムが頭をもたげてくるのは、どこか私の歯車が狂っているのでしょう。

　宇宙物理学のような基礎科学という分野での営みは、本来の研究の動機が社会貢献にあるわけではありません。それでも素晴らしい発見・発明がなされるたびに、「すわノーベル賞か？！」という声がひろがるのは、マスコミ報道でも、非常に説明することが難しい事柄の価値を、その広報的関心や国民鼓舞という情的な側面から説いて際立たせようという、善意と好意の罠にはまってしまった結果です。

　科学者の生計が国民の税金に負っているからといって、その仕事の目的が国威の発揚にあるわけではありません。科学者の仕事の意味は、何よりも知的分野における人類レベルの社会貢献にあるわけで、それをイベント的な「快挙」に変容させることは、本来の意味を捻じ曲げることにつながる危険を、常にはらんでいると言えましょう。

　科学をイベントやナショナリズムの見地からのみ眺める立場からは、科学的精神を民主主義と平和を築く礎にする力は生まれません。ましてや「宇宙」分野の仕事は、「競争」の立場や国家が「力」を行使する際のパワーの源という点からのみ評価しようとする人が膨大な規模で存在する分野であり、その分国民ないし政治からのナショナリスティックな期待が過度に大きいことは確かです。

　とはいえ宇宙活動は、まさにかつて誰かが言ったように、「守るに足る国をつくることに貢献」はしますが、決して「国を守るためにする」活動ではありません。人類が宇宙に出てまだわずかに50年余であり、人類社会の幸せへの歩みがまだ展望のひらけていない闘いの途上にあることを考えると、宇宙活動の持つ未知への挑戦、この星全体にまたがる世界性を、人類の未来と平和のために最大限に活用することこそ、その本来の目的であることを、私たちはずっと忘れないようにしたいと思います。

2016

2016年3月30日

世界で最初に宇宙を飛んだ人──ユーリー・ガガーリン

クルシノのガガーリンの生家（著者撮影）

ボストーク宇宙船の中のガガーリン（ロスコスモス）

1962年5月に日本を訪問したガガーリン

今年も4月12日が近づいてきました。この日は、ロシア（当時はソ連）のユーリー・アレクセーエヴィチ・ガガーリン（1934-1968）が人類史上初めて宇宙飛行をした日として有名です。多くの国で「宇宙飛行の日」と名づけられ、祝いの行事が行われています。

ガガーリンは、モスクワの西方約300kmにあるグジャーツク市に近いクルシノ村で生まれました。父親は腕利きの大工であり、母親もインテリで読書家でした。まじめで勉強が好きだったガガーリン少年は、一方で大変茶目っ気もある子どもだったと伝えられます。少年時代に数学の先生がパイロットとして従軍したことが、ガガーリンの生き方に大きな影響を与えることになったそうです。

技術教育を受けるために送られたサラトフの工業学校で軽飛行機に乗ることに夢中だった彼は、卒業してからパイロットを志し、1955年にオレンブルクにあった空軍士官学校を経て、ノルウェー国境に近いムルマンスクの基地に配属されました。

1957年にソ連が世界初の人工衛星スプートニクを打ち上げ、その約4ヵ月後にアメリカがエクスプローラー衛星を打ち上げて猛追し、宇宙開発競争が激化する中で、ソ連でも宇宙飛行士の選抜が始められました。ガガーリンも20人の候補生の一人に選ばれ、厳しい身体的・精神的訓練に耐えていったのでした。

最終的に、最初の飛行士候補に選ばれたガガーリンは、1961年4月12日、ガガーリンはボストーク宇宙船に乗り込んで地球周回軌道に入り、大気圏外を1周して1時間50分弱の宇宙飛行を完遂、ソ連領内の牧場に帰還しました。

一躍世界の英雄となったガガーリンは、ソ連の「宇宙大使」として世界中を訪問し、その後も訓練を続けましたが、1968年3月27日、教官とともに搭乗した飛行機で訓練飛行をしていて、墜落死しました。34歳でし

た。

　当時は、人間は無重力状態になると食事も喉を通らないとか、呼吸も苦しくなるとか、いろいろ未知の事柄が多く、有人飛行には否定的な見方も多く存在しました。ガガーリン自身にも、不安があったと想像されます。しかし勇気を振り絞って初の宇宙飛行に挑戦した飛行士たちの尊い体験が、人類の活動領域を宇宙にひろげる大きな原動力となりました。挑戦する勇気 ── 大切な心です

2016年4月6日

土星の月とリングは恐竜より新しい？

　土星最大の衛星はタイタンですが、最近になって、そのタイタン以外の、特にタイタンの内側を回っている多くの衛星が、今から1億年前より最近にできたのかも知れない、という考え方が提出されました。だとすれば、それは私たちの地球上にまだ恐竜たちが生きていた時代に、土星周辺に劇的な事件が起きていたことになります。

　アメリカの研究者が、コンピューターを使って、土星探査機「カッシーニ」のデータを基に、衛星同士の重力の相互作用の歴史を厳密にたどって弾きだした結果です。その計算によれば、土星はできた直後から沢山の衛星を持っていたことには変わりないのですが、太陽の周りを回る土星の運動に関係する「軌道共鳴」と呼ばれる現象によって、その多くの衛星、とくに内側に分布している衛星たちの軌道が大いに乱されたようです。そして、お互いの軌道が交差する混乱が生じて、衝突と合体を繰り返した結果、新たに多くの衛星が再形成され、あの美しいリングもその時にできたのではないかというのです。

　従来は、私たちの太陽系の惑星やその衛星は、太陽系のできた約46億年前からほどなく形成されて、そのまま現在に至ったと思われていたのですが、研究が進むにつれていろいろ違った様子がわかってきますね。特に土

カッシニがとらえた土星とその衛星タイタン及びリング（NASA）

2016

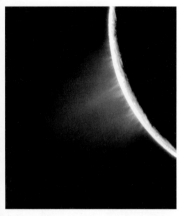

土星の衛星エンケラドスから噴き出す水蒸気（NASA）

星には、濃密な大気や炭化水素の大きな海を持つ衛星タイタンとか、南極に地下から水蒸気が噴出する衛星エンケラドスとか、それから何よりも美しいリングがあります。

このたび提出された土星とその仲間の姿のできてきたプロセスは、太陽系全体のでき方に従来とは全く異なる形成のシナリオを提出しているもので、今後の綿密な検証が大いに待たれます。同時に、冥王星について新たな知見を加えつつある「ニューホライズンズ」のデータや準惑星ケレスの探査をしている探査機「ドーン」なども、太陽系科学に革命が起きるのではないかという予感させるさまざまな成果を挙げています。

みなさんも、将来こういった研究を職業にする場合は、惑星→衛星がどうやってできたかという興味ある課題に取り組んで、新しい考え方に挑戦してくれるといいですね。期待していますよ。

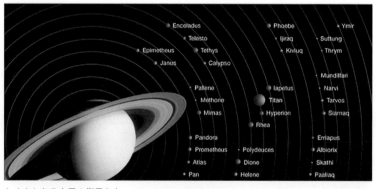

たくさんある土星の衛星たち

2016年4月13日

 「ひとみ」との通信が断絶、「姿勢制御」に異常か？
――懸命の復旧努力つづく

　　　　　　　　日本とアメリカの科学者が協力して、一生懸命に作り上げたX線天文衛星「ひとみ」が、さる2月17日、

種子島宇宙センターからH-ⅡAロケット30号機に搭載されて宇宙へ飛び立ちました。予定通りの軌道に投入されたのですが、現在非常に困った事態に陥っており、関係者は現在全力を挙げて復旧をめざして、格闘しています。

まずは、これまでの状況を、事実を列挙して整理しておきましょう。

2月17日、打ち上げ。同29日までに、太陽電池パネル展開や通信など、基本となる働きをチェックし、すべて正常であることを確認。3月26日3：00、機体の姿勢を変更。ここまでは順調だったのですが、同日の16：40頃、正常な通信ができなくなっていることが判明しました。その後いろいろな状況を照らし合わせて推定し、さる4月8日に行われた記者会見でJAXA側が明らかにしたところでは、「通信が途絶えた時刻の約11時間前、3月26日5：50頃に機体が異常な回転を始めていた」ようです。

もはや絶望的かと思われた矢先のこと、「ひとみ」から来たと思われる電波が、3月26日23：48～27日0：33頃に受信されました。そして28日の深夜にも、弱々しい電波が届いています。少なくとも、「ひとみ」のさまざまな機器のうち、通信を受け持っている部分が地上局と交信できる状態にあると考えられ、チームは元気を取り戻しました。

「ひとみ」の状況を説明する久保田孝教授（JAXA）

地上の望遠カメラがとらえた「ひとみ」（三島和久：倉敷サイエンスセンター）

米国のアマチュア天文家が撮影した「ひとみ」

軌道上の「ひとみ」（想像図）

2016

　しかし、その 28 日の連絡を最後に、「ひとみ」は無言を決め込んでいます。現在も回転を続けており、その周期は 5.2 秒。また、アメリカの軍事レーダーなどのデータを総合すると、「ひとみ」本体は 3 個以上の部分に分かれていることが判明。しかし、宇宙ゴミ（デブリ）が衝突したことも、機体が爆発したことも、証拠となるデータは確認されていません。その原因は、連絡が取れないまま謎に包まれているのです。

　「ひとみ」は、宇宙の非常に激しい現象、たとえばブラックホールに吸い込まれて行くガスとか超新星爆発などの秘密を探るために、世界中から期待されている衛星です。何とか通信が復活して欲しいものです。通信さえ戻れば、衛星の状態（温度とかバッテリーの状態とか観測機器の様子とか）がわかるようになり、手を打つ対策も詳しく検討できます。

　いま宇宙航空研究開発機構（JAXA）の相模原キャンパスを中心に、夜を日についで懸命の努力が展開されています。一日も早く機能が回復することを、祈っています。

2016 年 4 月 20 日

初の膨張式構造物の試験機—— ISS に取り付け

ISS に取り付けられた BEAM

　一般の人でも宇宙に滞在できる、いわゆる「宇宙ホテル」の試験機—— 正確には膨張式の構造物の試験機 BEAM が、さる 4 月 16 日午後午後 6 時半ごろ、国際宇宙ステーション（ISS）にドッキングした「ドラゴン」からロボットアームを使って取り出され、ISS に取り付けられました。

　BEAM は米国の民間企業「ビゲロー・エアロスペース社」が開発した膨張式構造物の試験機。円筒形をしており、全長と直径はいずれも 2 m 余り。これから空気を吹き込むことによって膨らみ、2 倍近い長さになります。また直径も 3.2 m くらいに。BEAM を膨らませる作業は 5 月下旬あたりになりそうですが、2 年間つづく

テスト中に、ISS に滞在している宇宙飛行士たちが中に入って、その安全性などを試します。

　宇宙に出て膨らませる方式によって、ロケットで運ぶ時は小さくして打ち上げられるし、この BEAM は金属製ではなく、火星有人飛行で大問題とされる放射線防御に対しても利点を持ち、しかもエアコン不要との宣伝もされています。

BEAM 膨張後の姿（ビゲロー・エアロスペース／NASA）

　実は米国航空宇宙局（NASA）は、宇宙で人間が長く余裕のある暮らしをすることをめざして、宇宙へ旅立つときは小さくしておいて、地球周回軌道に達してから膨張して大きくできるような構造物（トランスハブ）の研究を、1960 年代から熱心にやっていたのです。しかし ISS を作り上げることの方が国際的急務だったので、そちらが優先され、膨張式でない技術で何とか ISS を建造しました。

　ISS が一応の完成を見て、火星をめざす長期の有人ミッションが本格化する可能性があるので、いよいよ半世紀以上も努力してきた膨張式構造物の技術を仕上げようというわけで、それが 2000 年にビゲロー社に託されたのです。ビゲロー社は、同じ技術で「宇宙ホテル」を作ろうという野心を持ち、懸命の努力で打ち上げに漕ぎつけました。

地上のクリーンルームでチェックを受ける BEAM

2016 年 5 月 7 日

スペース X 社のロケットが船上に着地
── 再使用に大きな一歩

　米国の宇宙開発企業スペース X は 4 月 9 日（日本時間）、米国フロリダ州のケープカナベラルから、「ファルコン 9」ロケットの打ち上げに成功しました。発射の約 2 分 34 秒後に第 1 段と第 2 段が分離され、第 2 段は順調に飛行を続けて、国際宇宙ステーション（ISS）に補給船「ドラゴン」を届けました。先週紹介した膨張構造の BEAM も収納しています。「ファルコン 9」は約半年前、やはり ISS への補給のために打ち上げられた

補給船「ドラゴン」を搭載して打ち上げられたファルコン 9 ロケット

2016

補給船「ドラゴン」の与圧カプセル

無人船の着地に成功したファルコン9の全貌

無人船への垂直着地に成功したファルコン9ロケット下部

のですが、打ち上げ直後にロケットが爆発しています。

　その後今年の3月5日（日本時間）には、通信衛星を搭載した「ファルコン9」ロケットの打ち上げに成功しています。今回もISSへの補給に成功して大事な仕事をしたのですが、今日のトピックは第1段の方です。

　実は3月の打ち上げでも、第1段ロケットを船の上に降ろそうとしましたが、船まではたどり着いたものの、降下速度が速すぎて船の甲板に叩きつけられ、機体は木っ端みじんに壊れてしまいました。

　今回の第1段ロケットは、分離した後に先ず逆噴射をして水平速度を落とし、さらに「再突入噴射」をして大気圏に突入する時のスピードも抑え、巧みに制御をしながら、その飛翔径路に沿った大西洋上に配置した無人船「OCISLY号」への着地に成功したのです。この船の名は、Of Course, I Still Love You（もちろん今も君を愛している）の略です。面白い命名。第1段は、エンジンを噴射しながら直立した状態で船の上に降り立ったのです。

　この会社の創設者であるイーロン・マスクさんは、ロケットによる打ち上げコストを大幅に安いものにする再使用ロケットの野心的な構想を描いており、先週には「民間の力で火星をめざす」という劇的な計画も発表しています。この度の打ち上げが大成功に終わり、同社が進めるロケットの再使用の実現に向け大きな一歩となりました。

　先週お伝えしたビゲロー・エアロスペース社もそうですが、いろいろな民間企業が、宇宙時代を自分たちの力で引き寄せようと大変な努力をしているのですね。

2016年4月6日

2018年に民間企業が火星へ

　米国の民間企業「スペースX社」が、2018年に自力で火星表面に無人カプセルを着陸する構想を発表しました。NASAのローバーが集めた火星のサンプルを、このスペースX社の「レッド・ドラゴン」という無人カプセルに収納して地球に持ち帰ると豪語しています。

　既報のように、スペースX社の「ファルコン9」ロケットは、荷物を宇宙に送り出した後、打ち上げロケットの第一段を回収して再使用する実験を繰り返しており、この開発は順調に進行しているように見えます。たとえばスペースX社では、さる4月に海上に無事帰還した「ファルコン9」を、また5月の打ち上げに「再使用」すると言明しています。

「ファルコン・ヘビー」ロケットの打ち上げ想像図

　火星行きの「レッド・ドラゴン」を打ち上げるのは、今使っている「ファルコン9」をうんと強力にした「ファルコン・ヘビー」というロケット。これは、スペースシャトルが運んだ荷物の2倍もの重量を打ち上げる能力を持ち、これよりパワーのあったロケットと言えば、アポロ計画で宇宙飛行士を月へ届けた、あの「サターンV」くらいなものです。

火星大気に突入した「レッド・ドラゴン」（想像図）

　このロケットは3段式で、スペースX社では、このすべての段のエンジンを地上に回収することをめざしています。でもカプセルを火星表面に着陸させるには、難題もあります。火星大気は地球大気よりも非常に薄いので、パラシュートが使えず、自分の向きを変えたり減速するためには専ら「化学スラスター」（小型のロケットエンジン）に頼ります。火星大気が薄いとは言っても、空力加熱でカプセルを大変な高温にするくらいの量は存在しており、火星大気圏に突入したカプセルは、900℃くらいになってしまいます。熱シールドを身につけなくてはなりません。この点については、ドラゴン・カプセルのシールドは1600℃くらいまで耐えられるそうですから大丈夫。火星表面への軟着陸には、地上のロケット帰還で培っている技術が大いに力を発揮す

火星表面に着陸直前の「レッド・ドラゴン」

2016

火星表面に降り立った「レッド・ドラゴン」

るでしょうね。

　さて、将来人間の乗った宇宙船を着陸させる方法は？実はこの点についても、米国航空宇宙局（NASA）は、スペースX社とも協力して開発しているところです。スペースX社のように、宇宙計画の未来を見つめながら取り組んでいる企業がいるということは、心強いことですね。

2016年5月18日

水星の太陽面通過を観測 ── 10年に1度の天体ショー

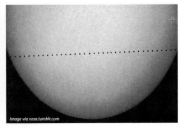

太陽面をゆっくりと通過する水星

　さる5月9日の夜から10日未明（日本時間）にかけて、太陽にいちばん近い軌道を回っている惑星である水星が、太陽面のこちら側を通過する様子が、世界の各地で鮮やかに観測されました。水星は88日かけて太陽の周りを公転し、116日に1回の割合で地球と太陽の間を通過するのですが、地球の公転軌道と水星の公転軌

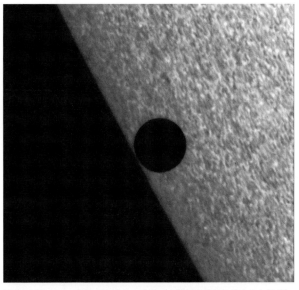

日本の「ひので」衛星がとらえた水星（太陽面を横切り始めたところ）

道とが同じ面にないので、地球からこの水星の太陽面通過を観測するチャンスはあまりありません。何しろ100年にわずか13回しか起きないのです。

　残念ながら日本では夜中の時間帯だったため、タイミングが悪くて見ることができませんでしたが、アメリカやヨーロッパでは、水星が太陽面上に小さな黒い点として現れ、少しずつ動きながら、7時間半ほどの時間をかけて太陽面を横切るという珍しい現象を、（望遠鏡にフィルターをつけてですが）地上からも観測できたようです。羨ましい限り。

水星の立体地図（水星儀）

　でもね、実はこれを日本の太陽観測衛星「ひので」は、地球周回軌道から見つめていたんです。可視光線でとらえた見事な画像です。もちろんこの画像も学術的な価値の高いものですが、そのことはさておいて、これほど美しい映像を撮影してくれた「ひので」に、私は大いに感謝したいと思っています。

　ふだんはあまりなじみのない水星ですが、つい最近も、米国航空宇宙局（NASA）の水星探査機「メッセンジャー」が観測したデータをもとに、水星の全域にわたる立体的なモデルが作成され、公表されました。水星に行くには、非常に大きなエネルギーが必要なので、人類が宇宙時代に入ってからも、水星を近くで観測した探査機はあまりないのです。このたびのNASAの地形図は、水星全体の地形を驚くほど詳しく見せており、この惑星の地質学的な歴史を解明していくうえでも、大きな示唆をもたらしてくれるはずです。来年は、日本とヨーロッパの共同観測計画の水星探査機「ベピコロンボ」（日欧でそれぞれ1機ずつ探査機が準備されている）が地球を旅立ちますよ。楽しみですね。

　なお、水星が次に太陽面を通過するのは2019年11月11〜12日（日本時間）ですが、この時も残念ながら日本からは見られません。さらにその次は2032年11月13日。これは日本からも、すべての時間帯ではありませんが、見ることができます。

索　引

あ
- アイソン彗星……………………… 40
- アインシュタイン………………… 165
- アストロ H ……………………… 173
- アポロ 11 号 ……………………… 72
- アレーニウス……………………… 168
- アンガラ・ロケット……………… 124
- アンタレース……………………… 27
- アンテナ銀河……………………… 133

い
- イオンエンジン…………………… 88
- イカロス…………………………… 135
- イータ・カリーナ星雲…………… 135
- イトカワ…………………………… 81
- 糸川英夫…………………………… 3
- イプシロン………………………… 6
- インサイト………………………… 63
- 隕石………………………………… 13
- インパクター……………………… 89

う
- ヴェガ・ロケット………………… 114
- ウクライナの情勢………………… 104
- 内之浦……………………………… 129
- 宇宙が膨張………………………… 26
- 宇宙の未来………………………… 55
- 宇宙博 2014 ……………………… 73
- 宇宙ホテル………………………… 34
- 宇宙旅行…………………………… 105
- うるう秒…………………………… 141

え
- 影響圏……………………………… 90
- 「衛星打上げロケット」と「ミサイル」……… 186
- エウロパ…………………………… 60

え（続）
- エッジワース・カイパーベルト………… 53
- エンケラドス……………………… 57

お
- オサイリス・レックス…………… 125
- オービター………………………… 13
- オライオン宇宙船………………… 125

か
- ガガーリン………………………… 157
- かぐや……………………………… 42
- かぐら……………………………… 165
- 火星に生命………………………… 18
- カッシーニ………………………… 37
- カミオカンデ……………………… 166
- 神舟………………………………… 35
- ガリー……………………………… 159
- カール・セーガン………………… 116
- カロン……………………………… 145

き
- ギアナ宇宙センター……………… 114
- キャッツアイ星雲………………… 133
- キューブサット…………………… 70
- キュリオシティ…………………… 17
- 銀河鉄道の夜……………………… 36
- 光明星 4 号（クァンミョンソン）………… 186
- グーグル・ルナー X プライズ……… 118
- クリカリョフ……………………… 157
- グリニッジ標準時………………… 32
- クールー…………………………… 96

け
- ケープカナベラル………………… 108
- ケプラー宇宙望遠鏡……………… 30

224

ケレス………………………………	120
原子時計…………………………	140

こ

光学複合航法……………………	93
こうのとり………………………	142
国際天文学連合（IAU）…………	107
コズミック・ビジョン……………	139
ゴダード…………………………	7
コマロフ…………………………	184

さ

再使用……………………………	2
サイディング・スプリング彗星…	91
さきがけ…………………………	111
サンプラー………………………	99

し

ジェウィット……………………	195
ジェット推進研究所……………	85
シグナス…………………………	27
重力波望遠鏡……………………	165
嫦娥………………………………	42
小動物飼育装置…………………	151
小惑星再配置計画（ARM）……	124
ジョセフ・ウェーバー…………	200
ジョン・グレン…………………	158
深宇宙気候観測衛星「ディスカバー」…	146
真空のエネルギー………………	56
人工衛星本体の色………………	21

す

すいせい…………………………	111
「スウィフト」衛星………………	179
スターライナー…………………	156
スーパー・アース………………	66
すばる望遠鏡……………………	41
スプリントＡ……………………	6
スペースＸ社……………………	50
スペースシップ・ワン…………	169
スペースシャトル「コロンビア」…	183

スペースシャトル「チャレンジャー」…	183

せ

全天Ｘ線監視装置（MAXI）……	179

そ

ソユーズ…………………………	180
ソーラーセイル…………………	135

た

大気圏の厚さ……………………	69
ダイソン…………………………	174
タイタン…………………………	112
だいち２号………………………	62
太陽フレア………………………	31
太陽面通過………………………	222
ダニエルソン……………………	195
ダークエネルギー………………	23
ダークマター……………………	22
ターゲットマーカー……………	98
種子島宇宙センター……………	78
探査機「あかつき」……………	116
探査機「ジオット」……………	111
探査機「ドーン」………………	119
探査機「プラトー」……………	48
たんぽぽ計画……………………	168

ち

チェリアビンスク………………	14
地球観測衛星……………………	187
地球スウィングバイ……………	84, 90
チャンドラヤーン………………	129
チュリューモフ・ゲラシメンコ彗星…	184
超小型衛星………………………	40
長征………………………………	35

て

ティクターリク…………………	47
電磁波……………………………	153

225

と

- 土星 …………………………………… 58
- ドニエプル・ロケット ………………… 69
- ドラゴン ……………………………… 50, 65
- 「ドラゴン」運搬船 …………………… 28
- ドリームチェイサー …………………… 65
- ドーン ………………………………… 107
- 東倉里発射場 ………………………… 186

な

- 羅老(ナロ) …………………………… 11

に

- 日本の新型基幹ロケット ……………… 127
- ニュー・シェパード …………………… 169
- ニュートン …………………………… 16
- ニューホライズンズ ………………… 52, 107
- ニュールチア ………………………… 185

の

- ノーベル賞 …………………………… 199

は

- バイコヌール宇宙基地 ………………… 123
- ハイブリッド ………………………… 95
- ハクト ………………………………… 118
- ハーシェル …………………………… 16
- パダールカ …………………………… 157
- バタフライ星雲 ……………………… 134
- ハッブル ……………………………… 26
- 馬頭星雲 ……………………………… 133
- ハビタブルゾーン …………………… 48
- ハレー彗星 …………………………… 111
- パンスターズ彗星 …………………… 15

ひ

- ひとみ ………………………………… 202
- ひまわり8号 ………………………… 78

ふ

- ファイナル・ショット ………………… 116
- ファルコン9 ………………………… 51
- フィラエ ……………………………… 46
- フライバイ …………………………… 12
- ブラックホール ……………………… 162
- プロキオン …………………………… 101

へ

- ベスタとケレス ……………………… 110
- ベピコロンボ計画 …………………… 122

ほ

- ボイジャー …………………………… 1
- ホイップル …………………………… 184
- ホイヘンス …………………………… 112
- ホイーラー …………………………… 162
- 膨張式構造物 ………………………… 218
- ボストーチヌィ宇宙基地 ……………… 123
- ほどよし ……………………………… 70
- ポリャコフ …………………………… 106

ま

- 前田行雄 ……………………………… 23
- マーズ・リコネイサンス・オービター … 159
- マナティ星雲 ………………………… 9
- マリナー10号 ……………………… 131
- マルコ・ドラーゴ …………………… 195
- マンガルヤーン ……………………… 105

み

- ミネルバ ……………………………… 88

む

- 向井千秋 ……………………………… 158

め

- 冥王星 ………………………………… 52, 144
- メッセンジャー ……………………… 131

も
木星探査機「ガリレオ」……………… 147

ゆ
油井亀美也……………………………… 145

よ
ヨーロッパ宇宙機関（ESA）………… 114

ら
ライトセイル…………………………… 135
ラグランジュ点………………………… 29
ランダー………………………………… 13

り
リアクションホイール………………… 120
「りゅうぐう」つまり「竜宮」……… 159

る
ルナ3号………………………………… 147

れ
レコード盤……………………………… 19
レッド・ドラゴン……………………… 221

ろ
ロケット「銀河（ウナ）」……………… 186

ロケット「ペガサス」………………… 125
ロゼッタ…………………………… 45, 105
ローバー………………………………… 13

わ
若田光一………………………………… 39
惑星状星雲……………………………… 133

アルファベット
BEAM …………………………………… 218
CST-100 ………………………………… 65
ESA（ヨーロッパ宇宙機関）………… 45
EXPRESS ……………………………… 25
GCOM-C（気象変動観測衛星）……… 178
H-ⅡA …………………………………… 83
H-2B …………………………………… 142
ISF（国際宇宙探査フォーラム）…… 104
JAXA 相模原キャンパス……………… 83
LIGO …………………………………… 195
MAVEN………………………………… 105
MLI（多層断熱材）…………………… 21
MMO …………………………………… 122
Pale Blue Dot ………………………… 116
SLIM …………………………………… 129
Virgo …………………………………… 193
X-37B …………………………………… 2
X線天文衛星「はくちょう」………… 173

227

著者紹介

的川　泰宣（まとがわ　やすのり）

略　歴　1942年，広島県呉市生まれ．1965年，東京大学工学部航空学科宇宙工学コース卒業（第一期生）．1970年，東京大学大学院工学研究科航空学専攻博士課程修了，工学博士．東京大学宇宙航空研究所，宇宙科学研究所教授，宇宙航空研究開発機構（JAXA）教育・広報統括執行役，同宇宙科学研究本部対外協力室長を経て，現職．この間，ミューロケットの改良，数々の科学衛星の誕生に活躍し，1980年代には，ハレー彗星探査計画に中心的メンバーとして尽力．2005年には，JAXA宇宙教育センターを先導して設立，初代センター長となる．日本の宇宙活動の「語り部」であり，「宇宙教育の父」とも呼ばれる．

現　職　はまぎんこども宇宙科学館館長，JAXA名誉教授，JAXA教育・広報アドバイザー，日本学術会議連携会員，国際宇宙教育会議日本代表，米国惑星協会評議員，日本宇宙フォーラム顧問・評議員，リモートセンシング技術センター評議員

近　著　『的川博士の銀河教室』（毎日新聞社，2012），『トコトンやさしい宇宙ロケットの本』（日刊工業新聞社，2011），『小惑星探査機「はやぶさ」の軌跡：挑戦と復活の2592日』（PHP研究所，2010）ほか多数

的川博士が語る　宇宙で育む平和な未来
── 喜・怒・哀・楽の宇宙日記 5

2016年6月25日　初版　第1刷発行

検印廃止

NDC 914, 440
ISBN 978-4-320-00596-9

Printed in Japan

著　者　的川泰宣 © 2016
発行者　南條光章
発　行　共立出版株式会社
　　　　東京都文京区小日向 4-6-19
　　　　電話　東京(03)3947-2511番（代表）
　　　　郵便番号　112-0006
　　　　振替口座　00110-2-57035番
　　　　URL http://www.kyoritsu-pub.co.jp/

印　刷
製　本　藤原印刷

一般社団法人
自然科学書協会
会員

[JCOPY]＜出版者著作権管理機構委託出版物＞
本書の無断複製は著作権法上での例外を除き禁じられています．複製される場合は，そのつど事前に，出版者著作権管理機構（TEL：03-3513-6969, FAX：03-3513-6979, e-mail：info@jcopy.or.jp）の許諾を得てください．